国家"双高"建设新形态教材

Web 前端开发

主编 关金名 邢 容

U0285406

哈尔滨工程大学出版社
Harbin Engineering University Press

内 容 简 介

本书紧密结合 Web 前端开发工程师岗位的技术和能力要求，以通俗易懂的语言及大量实例，循序渐进地介绍了 Web 前端开发的基础知识与前沿技术。本书的主要内容包括前端技术概述、HTML 语言基础、CSS 层叠样式表、jQuery 轻量级框架应用、Bootstrap 响应式网页设计等。本书由教学工作经验丰富的资深教师参与编写而成，每个课程任务均提供微课、素材、源代码。

本书主要面向高职高专计算机相关专业的学生，可以作为 1+X 证书制度试点工作中的 Web 前端开发职业技能等级证书教学和培训的参考用书。

图书在版编目(CIP)数据

Web 前端开发/关金名，邢容主编 . —哈尔滨：哈
尔滨工程大学出版社，2023.6
ISBN 978-7-5661-3944-3

Ⅰ.①W… Ⅱ.①关… ②邢… Ⅲ.①网页制作工具
Ⅳ.①TP393.092.2

中国国家版本馆 CIP 数据核字(2023)第 098773 号

Web 前端开发
WEB QIANDUAN KAIFA

选题策划 雷 霞
责任编辑 张 彦 刘思凡
封面设计 李海波

出版发行 哈尔滨工程大学出版社
社 址 哈尔滨市南岗区南通大街 145 号
邮政编码 150001
发行电话 0451-82519328
传 真 0451-82519699
经 销 新华书店
印 刷 哈尔滨午阳印刷有限公司
开 本 787 mm×1 092 mm 1/16
印 张 15
字 数 383 千字
版 次 2023 年 6 月第 1 版
印 次 2023 年 6 月第 1 次印刷
定 价 48.00 元
http：//www. hrbeupress. com
E-mail：heupress@ hrbeu. edu. cn

前　　言

本书的编写从满足 Web 前端开发工程师岗位的技术和能力需求出发，系统深入地介绍了 Web 前端开发的基础知识与前沿技术，还融入了《Web 前端开发职业技能等级标准》中的职业素养和岗位技术技能，以专业技能为模块、以项目任务为驱动、以课程思政为纲要进行组织编写。为落实"党的二十大精神"课程思政元素的实施方案，以坚持立德树人为根本任务，从爱国情怀、民族自信、社会责任、法制意识、工业文化、职业态度、职业素养等方面着眼，以学生综合职业能力培养为中心推进编写工作。帮助学习者有效提升 Web 前端开发能力，确保学习者拥有最关键的 Web 前端开发工程师岗位技能；提升个人生活质量与升学、就业、职场竞争力。

本书组织方式

本书共六个模块，主要介绍 HTML+CSS+jQuery+Bootstrap 前端技术基础知识，具体包括初识 HTML、构建 HTML 网页文件、CSS 新样式修饰网页、盒子模型、元素的浮动与定位、网页布局技术、网页表单的应用、跨平台响应式技术等。其中模块六为综合实战篇，其目的是实现特产网系统的开发。

本书特色内容

书中运用二维码呈现微课视频，扫码即可查看与图书内容深度融合的精彩纷呈的微课视频。

章节具体结构如下：

核心概念：章节职业能力中重要概念、关键词的解释或定义。

学习目标：重点要掌握的基础知识和操作技巧，进行点睛指引。

基本知识：章节职业能力中涉及的知识点与技能点。

活动组织：引入案例，并结合案例提出一些问题，引发学生思考，激发学生学习兴趣。在项目活动组织中提高学生的动手能力和创新能力，培养学生的逻辑分析能力与解决实际问题的能力，逐步将学生培养成兼具基础素养、逻辑思维、设计能力以及应用创新能力的综合性人才，初步具备 Web 应用开发程序员的素质。

知识拓展：章节职业能力相关知识拓展。本书由关金名、邢容担任主编，关金名编写模块一、四、五、六，邢容编写模块二、三。由于时间仓促，编者水平有限，书中难免有疏漏与不妥之处，敬请广大读者提出宝贵意见和建议，我们的反馈邮箱是 bhcygjm@ 163. com。

编　者

2023 年 3 月

目　　录

模块一

Web 前端开发的准备

任务 1.1　Web 相关概念

职业能力 1.1.1　掌握 Web 前端开发基本概念

◈**核心概念**

> Web 前端开发：创建 Web 页面或 App 等前端界面呈现给用户的过程，通过 HTML、CSS 及 JavaScript 以及衍生出来的各种技术、框架、解决方案，来实现互联网产品的用户界面交互。

◈**学习目标**

> 1. 了解 Web 前端开发基本概念。
> 2. 理解重要理念——表现和结构相分离。

☞ **基本知识**

一、Web 前端开发基本概念

Web(world wide web)即全球广域网，也称为万维网，它是一种基于超文本和 HTTP 的、全球性的、动态交互的、跨平台的分布式图形信息系统，是建立在 Internet 上的一种网络服务，为浏览者在 Internet 上查找和浏览信息提供了图形化的、易于访问的直观界面。其中的文档及超级链接将 Internet 上的信息节点组织成一个互为关联的网状结构。

网站(website)，就是指在因特网上，根据一定的规则，使用 HTML 等工具制作的用于展示特定内容的相关网页的集合。网页，是网站中的一个页面，通常是构成网站的基本元素，是承载各种网站应用的平台。通俗地说，网站就是由网页组成的。

Web 前端：涉及用户可以看到、触摸和体验的一切，包括 Web 页面的结构、Web 的外观视觉表现以及 Web 层面的交互实现。

Web 后端：后端更多的是与数据库进行交互以处理相应的业务逻辑。需要考虑的是如何实现功能、保证数据的存取、维护平台的稳定性及发挥性能等。

Web 前端涉及的岗位主要分为网页设计师、网页美工、Web 前端开发工程师。网页设计师对网页的架构、色彩以及网站的整体页面代码负责；网页美工针对用户界面(UI)，负责网站做得是否漂亮；Web 前端开发工程师负责使用前端开发技术，以代码实现前期设计成果。

Web 标准也称网页标准，它由一系列标准组成，这些标准大部分由 W3C(world wide web consortium，中文译为"万维网联盟"，是一个 Web 标准化组织)负责制定，也有一些标准由其他标准组织制定，如 ECMA 的 ECMAScript 标准等。在符合标准的网页设计中，CSS 与 HTML、JavaScript 并列称为网页前端设计的 3 种基本语言，其中 HTML 负责构建网页的基本结构，CSS 负责设计网页的表现效果，JavaScript 负责开发网页的交互效果。

二、Web 前端开发技术

Web 前端开发作为前端技术的组成部分，一直占据着重要的地位，整个互联网行业内有大量的前端开发从业者，随着移动互联网、大数据和人工智能的发展，目前前端的知识体系也在逐渐丰富。熟悉 Web 前端工作的人都知道 Web 中有很多的技术，想要成为一名合格的 Web 前端工程师，需要掌握的核心技术有 HTML、CSS、JavaScript、AJAX、jQuery、Bootstrap 等。

HTML(hyper text markup language)，是一种用来制作网页的超文本标记语言。HTML 是由 Web 的发明者 Tim Berners-Lee 和同事 Daniel W. Connolly 于 1990 年创立的一种标记语言。用 HTML 编写的超文本文档称为 HTML 文档，它能独立于各种操作系统平台(如 UNIX、Windows 等)。HTML 是一种建立网页文件的语言，通过标记式的指令(Tag)，将文字、图形、动画、声音、表格、链接、影像等内容显示出来。事实上，每一个 HTML 文档都是一种静态的网页文件，这个文件里面包含了 HTML 指令代码。HTML 是一种排版网页中资料显示位置的标记结构语言，易学易懂，非常简单。

CSS：层叠样式表(cascading style sheets)，是一种用来表现 HTML(标准通用标记语言的一个应用)或 XML(标准通用标记语言的一个子集)等文件样式的计算机语言。CSS 用来设计网页的风格，不仅可以静态地修饰网页，还可以配合各种脚本语言动态地对网页各元素进行格式化。CSS 能够对网页中元素位置的排版进行像素级精确控制，支持几乎所有的字体字号样式，拥有对网页对象和模型样式编辑的能力。通过样式表，我们可以对网页中各个属性进行控制，可以把网页做得更加美观。

JavaScript：是一种轻量级的解释型编程语言，由 Netscape 通信公司首创，由 Sun 公司及 Netscape 公司开发。它可以设计交互的网页内容，但不能单独执行，必须在浏览器或服务器上执行。JavaScript 是一种基于对象(object)和事件驱动(event driven)并具有安全性能的脚本语言。使用它的目的是与 HTML 超文本标记语言、Java 脚本语言(Java 小程序)一起实现在一个 Web 页面中链接多个对象，与 Web 客户交互作用，从而可以开发客户端的应用程序等。

jQuery：使用户能更方便地处理 HTML documents、events，实现动画效果，并且方便地为网站提供 AJAX(创建交互式网页应用的网页开发技术)交互。

Bootstrap：是 Twitter 推出的一个用于前端开发的开源工具包。它由 Twitter 的设计师 Mark Otto 和 Jacob Thornton 合作开发，是一个 CSS/HTML 框架，具有简单、灵活的特性，拥有样式库、组件和插件。Bootstrap 常用来开发响应式布局和移动设备优先的 Web 项目，能够帮助开发者快速搭建前端页面。

职业能力 1.1.2　了解常用 Web 前端开发工具

❖核心概念

开发工具：一般是指一些被软件工程师用于为特定的软件包、软件框架、硬件平台、操作系统等建立应用软件的特殊软件。

❖学习目标

了解 Web 前端开发常用开发工具。

☞ 基本知识

工欲善其事，必先利其器，一款优秀的开发工具能够极大提高程序开发效率与体验。下面将介绍几款适合专业人员使用的 Web 开发工具。

1. Visual Studio Code

Visual Studio Code(VS Code)是一款由微软公司开发的，功能十分强大的轻量级编辑器。该编辑器提供了丰富的快捷键，集成了语法高亮、可定制热键绑定、括号匹配以及代码片段收集的特性，并且支持多种语法和文件格式的编写。

2. Sublime Text

Sublime Text 是一个轻量级的代码编辑器，具有友好的用户界面，支持拼写检查、书签、自定义按键绑定等功能，还可以通过灵活的插件机制扩展编辑器的功能，其插件可以利用 Python 语言开发。Sublime Text 是一个跨平台的编辑器，支持 Windows、Linux、macOS 等操作系统。

3. HBuilder

HBuilder 是由 DCloud(数字天堂)公司推出的一款支持 HTML5 的 Web 开发编辑器，在前端开发、移动开发方面提供了丰富的功能和贴心的用户体验，还为基于 HTML5 的移动端 App 开发提供了良好的支持。

4. Adobe Dreamweaver

Adobe Dreamweaver 是一个集网页制作和网站管理于一身的"所见即所得"的网页编辑器，用于帮助网页设计师提高网页制作效率，简化网页开发的难度并降低学习 HTML、CSS 的门槛。缺点是可视化编辑功能会产生大量冗余代码，而且不适合开发结构复杂、需要大量动态交互的网页。

5. WebStorm

WebStorm 是 JetBrains 公司推出的一款 Web 前端开发工具，JavaScript、HTML5 开发是其强项，支持许多流行的前端技术，如 jQuery、Prototype、Less、Sass、AngularJS、ESLint、webpack 等。

模块二
使用 HTML5 建立网页结构

任务 2.1　初识 HTML

职业能力 2.1.1　HTML 基本语法

◈核心概念

HTML：超文本标记语言，是一种用来描述网页结构的标准语言。

◈学习目标

1. 了解 HTML 的基本概念。
2. 掌握 HTML 文件的基本结构。

☞ 基本知识

一、HTML 语言概述

HTML 不是一种编程语言，而是一种描述性的标记语言，用于表述超文本中内容的显示方式。

人们可以使用 HTML 建立自己的 Web 站点。HTML 文档在浏览器上运行，并由浏览器解析。

HTML(第 1 版)：1993 年 6 月作为互联网工程工作小组（IETF）工作草案发布，这个版本没有标准，主要是因为当时有很多版本的 HTML，没有形成一个统一的标准，所以没有正式的 HTML1.0。

HTML2.0：1995 年 11 月作为 RFC 1866 发布。

HTML3.2：1997 年 1 月 14 日，W3C 推荐标准，这是第一个被广泛使用的标准。由于该版本年代较早，很多东西都已经过时，在 2018 年 3 月 15 日被取消。

HTML4.0：1997 年 12 月 18 日，W3C 推荐标准。

HTML4.01：1999 年 12 月 24 日，W3C 推荐标准，这是另一个被广泛使用的标准。

HTML5.0：于 2014 年定稿。HTML5 具有跨平台优势，有强大的移动端支持并能实现

产品的快速迭代。

二、HTML 基本结构

HTML 文件由文件头（head）和文件体（body）两部分组成，在这两部分外面还要加上标签<html></html>说明此文件是 HTML 文件，这样浏览器才能正确识别 HTML 文件。

在 HTML 的基本结构中，可以看到用"< >"括起来的单词，这个通常叫作元素，元素常见的格式如下。

❖ 双标签：双标签由开始标签和结束标签两部分构成，必须成对使用，如<div>和</div>。

❖ 单标签：某些标签单独使用就可以完整地表达意思，这种标签就叫作单标签，如换行标签
。

❖ 在基本结构中可以看到一个特殊的标签，即<! DOCTYPE>，这个标签必须位于 HTML 的第一行，且位于<html>标签之前，用于声明文档类型，以及描述该文档可以使用的标签和属性，写法是固定的。

👉 活动设计

一、活动条件

练习素材文件夹 2.1.1。

二、活动组织

1. 每组三人，每组练习建立 HTML 文件。
2. 学员间互相点评。
3. 每组每位学员轮换操作。
4. 教师重申操作步骤与代码规范，要求学员举一反三。

三、活动实施

步骤	操作及效果	说明

1. HTML 基本结构	<pre><! DOCTYPE HTML>
	  <html>
	    <head>
	      <meta charset=utf-8">
	      <title>标题</title>
	    </head>
	    <body>
	      文档主体
	    </body>
	  </html></pre>
		UTF-8 采用了一种变长技术，每个编码区域有不同的字码长度，不同类型的字符可以由 1 到 6 个字节组成

(续表)

步骤	操作及效果	说明
	 ❀ 标题　　　　　　　　×　＋ ←　→　C　① 127.0.0.1:8020/HTML/001-HTML基础结构.htm 🐼 风变编程　❀ 辽宁省大学生智慧…　❀ Web design　🐼 辽宁干部在线 **文档主体** 	
2. 程序编制	根据所学知识，熟练掌握 HTML 的基本结构	自主编写程序
3. 程序运行	小组互评，展示部分学生作品	任务结果展示
4. 师生交互	请通过实验，总结 HTML 基本结构	回答问题 提出问题

四、任务完成评价表

班级		学号		学生姓名		
内容				评价		
能力 目标	评价项目			5	3	2
知识 能力	网页设计	网页基本结构				
素质 能力	欣赏能力					
	独立构思能力					
	发现问题、解决问题能力					
	自主学习的能力					
	组织能力					
	小组协作能力					

☞ 知识拓展

　　UTF-8(8-bit unicode transformation format)是一种针对 Unicode 的可变长度字符编码，也是一种前缀码。它可以用来表示 Unicode 标准中的任何字符，且其编码中的第一个字节仍与 ASCII 兼容，这使得原来处理 ASCII 字符的软件无须或只做少部分修改，即可继续使用。因此，它逐渐成为电子邮件、网页及其他存储或发送文字的应用中优先采用的编码。

职业能力 2.1.2 HTML 的主体元素

❀核心概念

在编写 HTML 文件时，必须遵循一定的语法规则。HTML 文件有着固定的基本结构，包括头部和主体两部分。其中头部是提供给浏览器和搜索引擎的信息，主体是网页的内容区域，显示在浏览器的浏览区。

❀学习目标

1. 掌握 HTML 的基本文件结构。
2. 掌握 HTML 的网页结构。

☞ 基本知识

一、基本文件结构

一个完整的 HTML 文档大体包含以下标签。

❖ <! DOCTYPE html>：声明文档类型，浏览器会按照 HTML5 标准解析网页文件。

❖ <html>：HTML 元素真正的根元素。

❖ <head>：定义 HTML 文档的文档头，<head>可以包含如下元素。

- <title>：定义 HTML 文档的标题。
- <link>：定义文档与外部资源之间的关系，常用于链接 CSS 样式表。
- <meta>：提供关于 HTML 的元数据，不会显示在页面，一般用于向浏览器传递信息或者命令，作为搜索引擎，或者用于其他 Web 服务。
- <style>：用于为 HTML 文档定义样式信息。
- <script>：用于定义客户端脚本，如 JavaScript。

❖ <body>：定义 HTML 文档的文档体。

二、网页结构

网页的整体结构通常会被分为若干区域，可以用 div 标签，也可以用语义化标签。例如页眉、内容区、边栏、页脚等部分，方便页面布局。如下所示。

页眉<header>	
导航条<nav>	
边栏条<sidebar>	内容<main>
边栏<aside>	文章<article>
边栏<aside>	文章<article>
页脚<footer>	

☞ 活动设计

一、活动条件

练习素材文件夹 2.1.2。

二、活动组织

1. 每组三至四人，每组成员协作完成 HTML 主体建设。
2. 学员间互相点评。
3. 教师重申操作步骤与代码规范，要求学员举一反三。

三、活动实施

步骤	操作及效果	说明

1. HTML 页面结构	```html
	<!DOCTYPE html>
	<html>
	  <head>
	    <meta charset="utf-8">
	    <title>文档</title>
	  </head>
	  <body>
	    <div id="container">页面容器包含页面全部内容
	      <header>页眉
	        <nav>导航条</nav>
	      </header>
	      <div id="sidebar">
	        <aside>边栏1</aside>
	        <aside>边栏2</aside>
	      </div>
	      <main>内容
	        <article>文章1</article>
	        <article>文章2</article>
	      </main>
	      <footer>页脚</footer>
	    </div> </body>
	</html>
	``
		div 本身没有具体含义，HTML5 提供了一系列语义化结构标签

2. 程序运行	小组互评，展示部分学生作品	任务结果展示
3. 师生交互	请通过实验，总结网页设计中的基本结构	回答问题 提出问题

四、任务完成评价表

班级		学号		学生姓名		
内容				评价		
能力目标	评价项目			5	3	2
知识能力	网页设计	熟练布局网页的结构				
素质 能力	欣赏能力					
	独立构思能力					
	发现问题、解决问题的能力					
	自主学习的能力					
	组织能力					
	小组协作能力					

知识拓展

　　HTML 文件基本结构主要包含 head 和 body 两部分，head 是网页头部，body 是网页主体，内部嵌套页面元素，其内容将出现在浏览器工作区中。

　　页面通常会被划分为若干区域以便于页面的排版布局。可以通过 div 标签或者 header、nav、footer 等语义化的标签来定义这些区域。

任务 2.2　HTML 常用标签

职业能力 2.2.1　文本、图像

◈核心概念

　　在各种各样的网页中，文字和图像是最基本的两种网页元素。文字和图像在网页中可以起到传递信息、导航和交互等作用。在网页中添加文字和图像并不困难，更重要问题是如何编排这些内容以及控制它们的显示方式。

◈学习目标

　　1. 掌握如何在网页中合理使用文字和超链接。
　　2. 掌握如何根据需要选择不同的显示。

基本知识

一、文本

1. 段落

文字的组合就是段落，在网页中要把文字有条理地显示出来，就需要使用段落标签。在 HTML 中有专门的用来修饰段落的标签，其语法结构如下：

```
<p>段落文字</p>
```

2. 段内换行

<p>标签换行，需要段落结束才换行，如果需要强制在段落内换行，可以使用
。其语法结构如下：

```
段内换行</br>
```

3. 标题

在 HTML 中，设置了 6 级标题标记，即<h1>到<h6>，数字越小，级别越高，文字相应越大，默认都是加粗显示。

其语法结构如下：

```
<h1>标题 1</h1>
...
<h6>标题 6</h6>
```

4. 预留格式

<pre>定义预留格式文本。与<p>标签不同的是，<pre>标签被包围在 pre 元素中的文本通常会保留空格和换行符，即按照文本原始格式显示在页面中。

其语法结构如下：

```
<pre>

        预留格式文本，保留空格
        和空行。

</pre>
```

5. 文本修饰

在浏览网页的时候，用户还经常看见一些特殊的文字效果，例如粗体字、斜体字、下划线、上标和下标等，这些文字效果也是通过 HTML 语言的标签来实现的。

其语法结构如下：

```
<strong>粗体字</strong>
<em>斜体字</em>
<u>下划线文字</u>
<sup>上标</sup>
<sub>下标</sub>
```

6. 水平分割线

在实际构建文档结构过程中，水平线在网页的版式设计中是很实用的，其可以分隔文档的内容，而且使文档结构清晰、层次分明，便于浏览。在网页中合理运用水平分割线可以取得非常好的视觉效果。

其语法结构如下：

```
<hr/>
```

7. 注释

在 HTML 中插入注释，它的开始标签为<! --，结束标签为-->，开始标签和结束标签不一定在一行，也就是说，可以写多行注释。浏览器不会显示注释，但作为一个开发者，经常要在一些代码旁做注释。这样做的好处很多，例如，方便项目组中的其他程序员了解代码，同时可以方便以后程序员对自己代码的理解与修改，等等。

其语法结构如下：

```
<! --需要注释的内容-->
```

二、图像

有很多情况，一张图片可能胜过千言万语，但是图片过多或者过大，也可能造成用户的等待，甚至造成用户不知所云。所以，在编写 HTML 文档时，图文搭配一定要合理。

1. 图片格式

目前网页上使用的图片格式主要是 JPG、GIF 和 PNG。

(1)JPG 格式为静态图像压缩标准格式，适合保存类似照片的图像。

(2)GIF 格式为图像交换格式，且采用无损压缩存储，适合保存由线条构成的、颜色种类比较少的图像。它还支持透明色，可以使图像浮现在背景之上。

(3)PNG 格式是在 GIF 基础上添加了新的特性，也是采用无损压缩格式，压缩质量比 GIF 好，并且也支持透明色。

2. img 标签

在 HTML 中，图像是由<img>元素定义的，为了更加严谨和可靠，在实际开发中，最好写成<img />。

其语法结构如下：

```
<img  src="图片的 url" alt="图像的替代文本"/>
```

3. 图像的地址

如果图片是网络上的，那么我们用的就是绝对路径。

如果图片是存放在本地电脑的，那么我们用的是相对路径。

4. figure 标签

如果要将图片与图片的标题组合在一起，那么我们可以用 figure 标签。

其语法结构如下：

```
<figure>
    <capfigure>图片标题</capfigure>
    <img  src="图片的 url" alt="图像的替代文本"/>
</figure>
```

活动设计

一、活动条件

练习素材文件夹 2.2.1。

二、活动组织

1. 每组三人，练习各种文本和图像的设置方法。
2. 学员间互相点评。
3. 每组每位学员轮换操作。
4. 教师重申操作步骤与代码规范，要求学员举一反三。

三、活动实施

步骤	操作及效果	说明
1. 段落	```<! DOCTYPE HTML ><html><head><meta charset="utf-8"><title>段落</title></head><body><p>兄弟，你真是经天纬地之才，气吞山河之志，上知天文下知地理，通晓古今，学贯中西，超凡脱俗之人！文能提笔安天下，武能上马定乾坤，美貌与智慧并重，英雄和狭义的化身，玉树临风胜潘安，一朵梨花压海棠，人见人爱，车见车载</p><p>燕雀 安知鸿鹄之志哉</p><p>以上内容纯属编造， 若有雷同，纯属巧合</p><h1>普通文本格式化</h1>粗体字：<strong>粗体</strong>是什么？ 斜体字：<em>斜体</em>是什么？ 下划线：<u>下划线字</u>是什么？ 下标字：_{网页}是什么？ 上标字：^{网页}是什么？ <hr /><h2>预格式文本：</h2><! --空格和空行都会被保留--><pre>```	空格可以用特殊字符" "，常用的特殊字符还包括<的代码"<"、>的代码">"等，注释可以跨行

(续表1)

步骤	操作及效果	说明
	燕雀　　安知 鸿鹄之　志 哉 `</pre> ` `</body>` `</html>` ![文本示例截图]	

2. 图像	`<! DOCTYPE html>`
	`<html>`
	　`<html>`
	　　`<head>`
	　　　`<meta charset="utf-8">`
	　　　`<title>图片</title>`
	　　`</head>`
	　　`<body>`
	　　　`<div>`
	`<img src="img \ bd_ logo.jpg" alt="Baidu Logo" />`
	　　　`</div>`
	　　　`<div>`
	`<figure>`
	`<capfigure>渤海船舶职业学院 logo</capfigure>`
	`<img`
	`src="img \ bg_ logo.png" alt="渤海船舶职业学院 Logo" />`
	`</figure>`
	　　`</div>`
	　　`</body>`
	`</html>`
		重点掌握图片的 src 属性

（续表2）

步骤	操作及效果	说明
	 渤海船舶职业学院logo	
3. 程序运行	小组互评，展示部分学生作品	任务结果展示
4. 师生交互	请通过实验，总结颜色和单位的用法	回答问题 提出问题

四、任务完成评价表

班级		学号		学生姓名		
内容				评价		
能力目标	评价项目			5	3	2
知识能力	网页设计	文本相关操作				
		图像相关操作				
素质能力	欣赏能力					
	独立构思能力					
	发现问题、解决问题的能力					
	自主学习的能力					
	组织能力					
	小组协作能力					

知识拓展

1. C：\ ABC 中有两个文件，分别为 file1、file2，用 file1 表示 file2 的路径。

绝对路径：C：\ ABC \ file2

相对路径：file2

2. file1 和 file2 在不同的文件夹下面，用 file1 表示 file2 路径。

file1：C：\ ABC \ path1 \ file1

file2：C：\ ABC \ path2 \ file2

绝对路径：C：\ ABC \ path2 \ file2

相对路径：.. \ path2 \ file2

注意：.. \ 表示的是回退上一层

职业能力 2.2.2　超链接、音频、视频

⊛核心概念

　　HTML 提供了丰富的标签用于超链接、多媒体。超链接是 HTML 文档中最基本的特征之一，每个网站都是由众多的网页组成的，网页之间通常都是通过链接方式相互关联的。多媒(multimedia)是多种媒体的综合，一般包括文本、声音和图像等多种媒体形式。

⊛学习目标

　　1. 掌握 HTML 中各种超链接的设置方法。

　　2. 掌握 HTML 中音频的设置方法。

　　3. 掌握 HTML 中视频的设置方法。

基本知识

一、超链接

1. 文本、图像链接

文本链接指的是<a>和</a>标签之间的元素内容为文本内容。图像链接就是<a>和</a>标签之间的元素内容为<img>元素。两者都是最常见的链接形式。

其语法结构如下：

<a>文本链接内容</a>

<a><img src="图片的url" alt="图像的替代文本" ></a>

2. 锚点链接

当把一份大型文档分成多个小节，读者可以通过锚点链接快速定位到自己想看的部分。

其语法结构如下：

用唯一属性值 id 设定锚点，然后在<a>标签的 name 属性中用"#+对应的锚点"。

3. E-mail 链接

点击 E-mail 链接后，浏览器会使用系统默认的 E-mail 程序，打开一封新的电子邮件，且该电子邮件地址为链接指向的地址。

其语法结构如下：

```
<a  href="mailto: E-mail 地址">链接文字</a>
```

4. 空链接

当跳转位置暂时不跳转时，可以采用空链接，写成 href=""或者 href="#"。

其语法结构如下：

```
<a  href="#">链接文字</a>
```

二、音频

1. 音频格式

目前网页上使用的音频格式主要是 OGG、MP3、WAV。

OGG、MP3 更适用于网页。不同格式文件支持的浏览器不同。页中插入音频时常引用一个音频的不同文件格式，以保证正常播放。如果没有多种音频，可以使用音频转换软件进行格式转换。

2. audio 标签

使用 audio 标签直接插入单一来源的音频文件。使用 audio 与 source 标签可以插入多来源的音频文件。

其语法结构如下：

①<audio src="音频文件地址"></audio>

②<audio>

```
<source src="音频文件" type="音频类型"></source>
</audio>
```

三、视频

1. 视频格式

目前网页上使用的视频格式主要是 MP4、WEBM、OGG。为了保证正常播放，可以使用视频转换软件进行格式转换。

2. video 标签

使用 video 标签直接插入单一来源的视频文件。使用 video 与 source 标签可以插入多来源的视音频文件。

其语法结构如下：

①<video src="视频文件地址" controls="controls" loop="loop">
</video>

②<video controls="controls" poster="初始海报图像">

```
<source src="视频文件" type="视频类型"></source>
</video>
```

活动设计

一、活动条件

练习素材文件夹 2.2.2。

二、活动组织

1. 每组三人，练习超链接、音频及视频的设置方法。
2. 学员间互相点评。
3. 每组每位学员轮换操作。
4. 教师重申操作步骤与代码规范，要求学员举一反三。

三、活动实施

步骤	操作及效果	说明

1. 超链接	<pre><code><! DOCTYPE HTML >
	<html>
	  <head>
	    <meta charset="utf-8">
	    <title>超链接</title>
	  </head>
	  <body>
	    <! --文本图像超链接-->
	    <a href="http: //www. baidu. com" target="_ blank">百度</a>
	<a href="index. html">本站首页</a>
	<a href="http: //www. baidu. com" target="_ blank">
	    <img
	      src ="https: //ss0. bdstatic. com/5aV1bjqh_ Q23odCf/static/superman/img/logo_ top_ 86d58ae1. png" alt ="Baidu Logo" />
	</a>
	<! --锚点超链接-->
	<h1 id="main">首页</h1>
	    <a href="#html_ base">跳转到 HTML 基础</a>
	    <a href="#css_ base">跳转到 CSS 基础</a>
	    <a href="#javascript_ base">跳转到 JavaScript 基础</a>
	

	

	<h1 id="html_ base">HTML 基础</h1>
	    <a href="#main">回到顶部</a>
</code></pre>
		对 <a> 标签的 target 属性进行规定，它的默认值为 _ self，其他的值还有 _ blank、_ parent、_ top 等

（续表1）

步骤	操作及效果	说明
	`          ` ` ` `          ` `       ` `  <h1 id="css_ base">CSS 基础</h1>` `    <a href ="#main">回到顶部</a> ` `         ` `          ` `         ` `<h1 id="javascript_ base">JavaScript 基础</h1>` `  <a href ="#main">回到顶部</a>     ` `         ` `         ` `     ` `<! --E-mail 超链接-->` `<a href ="mailto: xrdanny_ 316@ 163.com">联系我们</a> ` `<! --空链接-->` `<a href ="#">这是一个空链接</a>  ` `    </body>` `</html>` 	

2. 音频	`<! DOCTYPE HTML >`
	`<html>`
	`  <head>`
	`    <meta charset ="utf-8">`
	`    <title>音频</title>`
	`  </head>`
	`  <body>`
		1. controls 属性设置显示控制条
		2. loop 属性设置循环播放

（续表2）

步骤	操作及效果	说明
	`< audio src = "voice.mp3" controls = "controls" loop = "loop"></audio>` ` ` `<audio controls = "controls">` `<source src = "voice.mp3" type = "audio/mp3">浏览器不支持 HTML5：audio 标签</source>` `</audio>` `</body>` `</html>`	

3. 视频	`<! DOCTYPE HTML >`
	`<html>`
	`<head>`
	`<meta charset = "utf-8">`
	`<title>视频</title>`
	`</head>`
	`<body>`
	`< video src = " open. mp4" controls = " controls" loop = "loop" width="420">`
	`当前浏览器不支持 video`
	`</video>`
	`</body>`
	`</html>`
		poster 属性完成初始图像的设置

4. 程序运行	小组互评，展示部分学生作品	任务结果展示
5. 师生交互	请通过实验，熟练操作超链接、音频和视频的设置	回答问题 提出问题

四、任务完成评价表

班级		学号		学生姓名		
内容		评价				
能力目标		评价项目		5	3	2
知识能力	网页设计	超链接的设置 音频的设置 视频的设置				
素质能力		欣赏能力				
		独立构思能力				
		发现问题、解决问题的能力				
		自主学习的能力				
		组织能力				
		小组协作能力				

职业能力 2.2.3　列表、表格

❖ 核心概念

通常人们会将相关信息以列表的形式放在一起，这样会使内容显得更加有条理性。HTML 提供了 3 种列表模式。无论是使用简单的 HTML 语言编辑的网页，还是具备动态网站功能的网页，表格都是 HTML 中非常重要的功能。同时，CSS 表格属性可以帮助用户极大地改善表格的外观。

❖ 学习目标

重点理解各种列表的使用方法，以及表格的使用方法。

👉 基本知识

一、列表

1. 无序列表

无序列表的项目排列没有顺序，以符号作为分项标识。

其语法结构如下：

```
<ul>
    <li>列表项</li>
    <li>列表项</li>
    …
</ul>
```

2. 有序列表

有序列表中各个列表项使用编号排列，列表中的项目有先后顺序，一般采用数字或字母作为序号。

其语法结构如下：

```
<ol>
    <li>有序列表项</li>
    <li>有序列表项</li>
    …
</ol>
```

3. 定义列表

定义列表的英文全称是"definition list"，由项目名词和解释两部分组成。<dt>标签用来指定需要解释的名词，英文全称为"definition term"；<dd>标签用来表示名词具体的解释，英文全称是"definition description"。

其语法结构如下：

```
<dl>
```

```
<dt>项目名词</dt>
<dd>解释</dd>
<dd>解释</dd>
...
</dl>
```

二、表格

表格可以清晰地显示列成表的数据，因此成为网页不可缺少的组成元素。

1. 表格基本结构

表格可以由标题<caption>、表头<head>、表格主体<tbody>、表尾<tfoot>构成。表格是按行进行存储的<tr>，每行又是按单元格表示的，可以分成表头<th>和数据<td>。在模块 3 中，还可以对表格进行美化。

其语法结构如下：

```
<table>
<thead>
    <tr>
      <th>表头单元格</th>
      <th>表头单元格</th>
      <th>表头单元格</th>
      ...
</tr>
  </thead>
  <tbody>
    <tr>
      <td>数据单元格   </td>
      <td>数据单元格   </td>
      <td>数据单元格   </td>
      ...
    </tr>
      ...
  </tbody>
<tfoot>
    <tr>
      <th>单元格</th>
      <th>单元格</th>
      <th>单元格</th>
      ...
</tr>
  </tfoot>
</table>
```

2. 表格基本属性

（1）border 属性

设置表格的边框宽度，默认不显示边框。

其语法结构如下：

```
<table boreder="边框的宽度值"></table>
```

（2）cellpadding、cellspacing 属性

cellpadding 属性是设置单元格内边距；cellspacing 属性是设置单元格外边距。

其语法结构如下：

```
<table border="边框的宽度值"cellpadding="单元格内边距数值"
cellspacing="单元格外边距数值"></table>
```

（3）colspan、rowspan 属性

<td>的常用属性有两个：其一是 colspan，用于定义单元格跨行；其二是 rowspan，用于定义单元格跨列。

其语法结构如下：

```
<td  rowspan="合并的行数"></td>
<td  colspan="合并的列数"></td>
```

活动设计

一、活动条件

练习素材文件夹 2.2.3。

二、活动组织

1. 每组三人，练习背景的设置方法。
2. 学员间互相点评。
3. 每组每位学员轮换操作。
4. 教师重申操作步骤与代码规范，要求学员举一反三。

三、活动实施

步骤	操作及效果	说明

1. 列表	`<! DOCTYPE HTML>`
	`<html>`
	`  <head>`
	`    <meta charset="UTF-8" />`
	`    <title>列表</title>`
	`  </head>`
	`  <body>`
	`    <ul type="square">`
	`      <li>咖啡`
	`        <ol type="I">`
		1. 无序列表中 type 属性的取值为 disc(点)、square(方块)、circle(圆)、none(无)
		2. 有序列表中 type 属性的取值为 1(数字)、A(大写字母)、I(大写罗马数字)、a(小写字母)、i(小写罗马数字)等
		3. 有序列表中的 start 属性定义序号的开始位置

（续表1）

步骤	操作及效果	说明
	``` <li>拿铁</li> <li>摩卡</li> </ol> </li> <li>茶 <ul type="disc"> <li>碧螺春</li> <li>龙井</li> <li>普洱</li> </ul> </li> </ul> <hr /> <h1>我的电器行</h1> <ul type="none"> <li>冰箱 <ul type="none"> <li>海尔</li> <li>三星</li> </ul> </li> <li>电视机 <ul type="none"> <li>长虹</li> <li>小米</li> </ul> </li> <li>空调 <ul type="none"> <li>格力</li> <li>奥克斯</li> </ul> </li> </ul> <hr /> <dl> <dt>电影</dt> <dd>国产电影</dd> <dd>日韩电影</dd> <dd>欧美电影</dd> <dt>电视剧</dt> <dd>国产电视剧</dd> <dd>日韩电视剧</dd> <dd>欧美电视剧</dd> ```	

（续表2）

步骤	操作及效果	说明

	``html
	<dt>综艺</dt>
	<dd>国产综艺</dd>
	<dd>日韩综艺</dd>
	<dd>欧美综艺</dd>
	</dl>
	</body>
	</html>
	``
	
	列表 × +
	← → C ① 127.0.0.1:8020/Text/2.2.2.3.html?_h
	风变编程 辽宁省大学生智慧... Web design
	Ⅱ. 摩下
	■ 茶
	• 碧螺春
	• 龙井
	• 普洱
	
	我的电器行
	
	冰箱
	  海尔
	  三星
	电视机
	  长虹
	  小米
	空调
	  格力
	  奥克斯
	
	电影
	  国产电影
	  日韩电影
	  欧美电影
	电视剧
	  国产电视剧
	  日韩电视剧
	  欧美电视剧
	综艺
	  国产综艺
	  日韩综艺
	  欧美综艺	

2. 图片背景和填充方式	```html
	<! DOCTYPE HTML >
	<html>
	  <head>
	    <meta charset="UTF-8">
	    <title>表格</title>
	  </head>
	  <body>
	    <table border="1" cellspacing="0">
	      <thead>
	        <tr>
	          <th></th>
	          <th>星期一</th>
	          <th>星期二</th>
	          <th>星期三</th>
	          <th>星期四</th>
	``
		1. 表格还可以设置宽度 width 和高度 height 属性
		2. `<tbody>`、`<thead>`、`<tfoot>` 标签通常用于对表格内容进行分组

（续表3）

步骤	操作及效果	说明
| | ```html
    <th>星期五</th>
  </tr>
</thead>
<tbody>
  <tr>
    <td rowspan="4">　上午</td>
    <td>语文</td>
    <td>数学</td>
    <td>英文</td>
    <td>生物</td>
    <td>化学</td>
  </tr>
  <tr>
    <td>语文</td>
    <td>数学</td>
    <td>英文</td>
    <td>生物</td>
    <td>化学</td>
  </tr>
  <tr>
    <td>语文</td>
    <td>数学</td>
    <td>英文</td>
    <td>生物</td>
    <td>化学</td>
  </tr>
  <tr>
    <td>语文</td>
    <td>数学</td>
    <td>英文</td>
    <td>生物</td>
    <td>化学</td>
  </tr>
  <tr>
    <td rowspan="2">　下午</td>
    <td>语文</td>
    <td>数学</td>
    <td>英文</td>
    <td>生物</td>
    <td>化学</td>
  </tr>
  <tr>
    <td>语文</td>
    <td>数学</td>
``` | |
```

步骤	操作及效果	说明
	``` <td>英文</td> <td>生物</td> <td>化学</td> </tr> <tr> <td colspan="6">夜自习　</td> </tr> </tbody> </table> </body> </html> ```	
	🌐 表格 ← → C ⓘ 127.0.0.1:8020/Text/2.2.2.3.html?_hbt=1676815 表格图示	
3. 程序 　运行	小组互评，展示部分学生作品	任务结果展示
4. 师生 　交互	请通过实验，熟练操作3种列表的设置和表格的设置	回答问题 提出问题

四、任务完成评价表

班级		学号		学生姓名	
内容		评价			
能力目标		评价项目	5	3	2
知识能力	网页设计	超链接的设置 音频的设置 视频的设置			
素质能力		欣赏能力			
		独立构思能力			
		发现问题、解决问题的能力			
		自主学习的能力			
		组织能力			
		小组协作能力			

职业能力 2.2.4 表单

◈**核心概念**

表单的用途很多，在制作网页特别是动态网页时常常会用到。表单主要是用来收集客户端提供的相关信息，使网页具有交互功能，它是用户与网站实现交互的重要手段。

◈**学习目标**

重点理解表单的设置方法，包括表单的常用标签与属性，新增的表单标签与属性。

基本知识

一、表单标签

网页内的表单是由<form>标签定义的，其他的表单控件元素必须放在<form>元素内部，否则，单击 submit 按钮提交时会丢失参数。

<form>标签最重要的属性为 action 和 method。

属性	作用
name	用于给表单命名
action	真正处理表单的数据脚本或程序，在 action 里，这个值可以是一程序或脚本的一个完整 URL
method	用来定义处理程序从表单中获得信息的方式，可取值为 GET 或 POST，它决定了表单中已收集的数据用什么方法发送到服务器

二、<input>标签

type 的属性值	类型	用途
<input type = "text">	单行文本框	可以输入一行文本
<input type = "password">	密码输入框	该区域字符会被掩码
<input type = "radio">	单选按钮	相同 name 属性的单选按钮只能选一个，默认用 checked = "checked"
<input type = "checkbox">	多选按钮	可以多选的选择框，默认选中用 checked = "checked"
<input type = "submit">	提交按钮	单击后会将表单数据发送到服务器
<input type = "reset">	重置按钮	单击后会清除表单中所有数据
<input type = "button">	按钮	定义按钮
<input type = "image">	图片形式提交按钮	效果同"提交按钮"
<input type = "file">	选择文件控件	用于文件上传
<input type = "hidden">	隐藏的输入区域	用于定义隐藏的参数

三、<label>标签

<label>标签通常包含着 input 元素，当用户单击<label>标签内的文本，包含的表单元素会触发单击事件。

其语法结构如下：

```
<label>
  <input type="类型"/>
</label>
```

四、下拉列表

下拉列表主要用来选择给定答案中的一种，而且这类选择往往选项比较多，使用"单选"按钮比较浪费空间。下拉列表主要是为节省空间而设计的。

其语法结构如下：

```
<select>
  <option>选项显示内容</option>
  <option>选项显示内容</option>
  …
</select>
```

五、文本域

在 HTML 中还有一种特殊定义的文本样式，称为文本域，顾名思义，用于输入更多的文本。

其语法结构如下：

```
<textarea  rows="行数" cols="列数" name="文本域名称">  </textarea>
```

👉 活动设计

一、活动条件

练习素材文件夹 2.2.4。

二、活动组织

1. 每组三人，练习表单的设置方法。
2. 学员间互相点评。
3. 每组每位学员轮换操作。
4. 教师重申操作步骤与代码规范，要求学员举一反三。

三、活动实施

步骤	操作及效果	说明

1. 表单	`<! DOCTYPE HTML >`
	`<html>`
	`  <head>`
	`    <meta charset="UTF-8">`
	`    <title>表单</title>`
	`  </head>`
	`<body>`
		`<input>`元素最重要的两个属性：一个是 name，另一个是 value。这两个属性决定了表单提交时，对应的参数分别从这两个属性获取，形式为 name＝value

（续表1）

步骤	操作及效果	说明
| | ```html
<h1>注册账号</h1>
<form action="regist" method="post">
    用户名：<input type="text" name="username" id=
"username" value="" />
        <input type="button" name="checkusername" id
="checkusername" value="检查用户名是否被注册" /><br />
    密  码：<input type="password" name="password" id=
"password" value="" /> <br />
    确认密码：<input type="password" name="re_ password"
id="re_ password" value="" /> <br />
    性别：<input type="radio" name="sex" id="sex_ man"
value="man"/>男
        <input type="radio" name="sex" id="sex_ woman"
value="woman" />女<br />
    兴趣爱好：<input type="checkbox" name="interest" id
="ins_ football" value="football" />足球
        <input type="checkbox" name="interest" id=
"ins_ volleyball" value="volleyball" />排球
        <input type="checkbox" name="interest" id=
"ins_ ping-pong" value="ping-pong" />乒乓球<br />
    选择头像：<input type="file" name="file" id="file"
value="" /><br />
    <input type="image" width="80" height="80" src="img/
sign00.jpg" /> <br />
    <input type="reset" value="重置信息" />
    <input type="submit" id="submit" value="注册账号" />
    <input type="hidden" name="regist" id="" value
="default" />
</form>
</body>
</html>
``` | |
```

（续表2）

步骤	操作及效果	说明

2. \<label\>标签	```html
	<! DOCTYPE html>
	<html>
	  <head>
	    <meta charset="UTF-8">
	    <title>label</title>
	  </head>
	  <body>
	    <p>
	    <label for="userName">用户名：</label>
	      <input type="text" id="userName" />
	    </p>
	    <p>
	      <label for="pw" >密码：</label>
	      <input type="password" id="pw" />
	    </p>
	    <p>
	      <label for="number">手机号：</label>
	      <input type="text" id="number" />
	    </p>
	  </body>
	</html>
	``
	
	用户名：　　　　　　
	密码：　　　　　　
	手机号：
		label 用来辅助 input，点击 label 后能够让对应的 input 变成可输入的状态
		for 属性里放的是对应 input 的 id

3. 下拉列表	```html
	<! DOCTYPE html>
	<html>
	  <head>
	    <meta charset="UTF-8">
	    <title>下拉列表</title>
	  </head>
	  <body>
	    <h1>调查</h1>
	    <form action="homeplace" method="post">
	      工作地点：
	      <select name="homeplace">
	      <option value="Beijing">北京</option>
	``	

（续表3）

步骤	操作及效果	说明

	``html
	<option value="Tianjin">天津</option>
	<option value="Shanghai">上海</option>
	<option value="Chongqing">重庆</option>
	</select>
	<input type="submit" id="" name="" value="确定" />
	</form>
	</body>
	</html>
	``
	
	🌐 下拉列表　　　　　×　　+
	
	←　→　C　ⓘ 127.0.0.1:8020/Text/2.2.4.3.htn
	
	🐼 风变编程　🌐 辽宁省大学生智慧...　🌐 Web design
	
	## 调查
	
	工作地点：北京∨ 确定	

4. 文本域	```html
	<! DOCTYPE html>
	<html>
	  <head>
	    <meta charset="UTF-8">
	    <title>文本域</title>
	  </head>
	  <body>
	    <h1>调查</h1>
	      <form action="inquire" method="post">
	        自我评价：
	
	        <textarea name="introduce" >
	        </textarea>
	
	        <input type="submit" id="" name="" />
	      </form>
	  </body>
	</html>
	``
	
	🌐 文本域　　　　　×　　+
	
	←　→　C　ⓘ 127.0.0.1:8020/Text/2.2.4.4.html?__hbt:
	
	🐼 风变编程　🌐 辽宁省大学生智慧...　🌐 Web design　🌐 辽
	
	## 调查
	
	自我评价：
	
	提交
		`<textarea>`标签具有 name、cols、rows 3 个属性。其中，name 用于提交的参数，value 源自输入的文本内容；cols 和 rows 分别定义文本框的列数和行数，即宽度和高度

（续表4）

步骤	操作及效果	说明
5. 程序运行	小组互评，展示部分学生作品	任务结果展示
6. 师生交互	请通过实验，熟练操作表单的设置	回答问题 提出问题

四、任务完成评价表

班级		学号		学生姓名		
		内容		评价		
能力目标		评价项目		5	3	2
知识能力	网页设计	表单的设置				
素质 能力	欣赏能力					
	独立构思能力					
	发现问题、解决问题的能力					
	自主学习的能力					
	组织能力					
	小组协作能力					

模块三

使用 CSS3 样式修饰网页

任务3.1　初识 CSS

职业能力 3.1.1　CSS 样式基本语法结构

❀**核心概念**

　　CSS：是一种用来表现 HTML(标准通用标记语言的一个应用)或 XML(标准通用标记语言的一个子集)等文件样式的计算机语言。采用 CSS 技术，可以有效地对页面布局、字体、颜色、背景等实现更加精准的控制。CSS 不仅可以静态地修饰网页，还可以配合各种脚本语言动态地对网页各元素进行格式化。

❀**学习目标**

　　1. 能根据实际场景选择相应 CSS 应用方式。
　　2. 能使用标准格式书写 CSS 样式。

📖**基本知识**

一、CSS 的基本语法

CSS 语法由两部分构成：选择器和声明。

语法格式：

selector{property1: value1; property2: value2; property3: value3;
…}

　　选择器：为样式生效的对象，当多个对象具有相同样式时，多个选择器之间用逗号分隔。CSS 选择器种类很多，文档的元素就是最基本的选择器。如果设置 HTML 的样式，选择器通常将是某个 HTML 元素，比如 p、h1、em、a 等，甚至可以是 html 本身，本节例子均使用最常见的元素选择器。

　　声明：花括号中为声明部分，每条声明由属性、冒号、值组成，以分号结尾。

CSS 忽略声明块中的空白和回车，通常将块中的每条声明写到单独的行中。

二、CSS 的引入方式

CSS 的引入方式有三种：内联样式表、文档样式表、外部样式表。在文档中可以使用一种或多种样式表。

1. 内联样式表

内联样式表是连接样式和标签的最简单方式。

内联样式只应用于它们所在的元素，在标签中包含一个 style 属性，后面再跟上一系列属性及属性值即可。如果要添加多个属性，只需要将它们用分号隔开。

语法格式：

```
<标签名 style="property1: value1; property2: value2;
property3: value3; …">页面内容</标签名>
```

2. 文档样式表

文档样式表放在<head>与</head>内的<style>标签和</style>结束标签之间，只对该文档有效，且会影响文档中所有相同选择器的内容。

语法格式：

```
<style type="text/css">
                selector{
                            property1: value1;
              property2: value2;
property3: value3;
…
    }
        </style>
```

3. 外部样式表

样式表还可以存储在一个独立的、纯文本的文档中，但必须使用 .css 后缀名，这就是外部样式表。一个外部样式表可以用于多个(X)HTML 文档中，甚至是作用于一个文档集合，这既提高了重用性，又达到观感的统一性。

可以用两种不同的方式将外部样式表加载到文档：链接式和导入式。

链接式外部样式表，在文档的 head 部分，使用 link 元素创建一个指向 .css 文档的链接。

语法格式：

```
<link type="text/css" rel="stylesheet" href="xxx.css"/>
```

导入式外部样式表，在文档 head 部分的<style>标签里使用@ import 导入。

语法格式：

```
<style type="text/css">
@ import  url("xxx.css")
        </style>
```

4. 三种引用方式的比较

三种引用方式的优缺点如表 3-1 所示，应根据工作情景选择最适合的方式。

表 3-1 三种引入方式的优缺点

引入方式	优点	缺点
内联样式表	可覆盖文档样式表或外部样式表中的样式	难维护，难阅读，且只具有局部效果
文档样式表	适合给单个文档加规则，便于测试即将加入外部样式表的新规则	不适合管理一个文档集
外部样式表	给文档的显示提供一致性，管理简单	浏览器需下载样式表，增加了访问页面的时间

活动设计

一、活动条件

练习素材文件夹 3.1.1。

二、活动组织

1. 每组三人，每人选择一种引入方式完成样式添加。
2. 学员间互相点评。
3. 每组每位学员轮换操作。
4. 教师重申操作步骤与代码规范，要求学员举一反三。

三、活动实施

步骤	操作及效果	说明
1. 使用内联样式表	 ``` <! DOCTYPE html> <html> <head> <meta charset="utf-8" /> <title></title> </head> <body> <h1 style="color: blue; font-size: 50px;">船</h1> <h2>简介 </h2> <P>船或船舶，指的是：举凡利用水的浮力，依靠人力、风帆、发动机(如蒸汽机、燃气涡轮、柴油引擎、核动力机组)等动力，牵拉、推、划、或推动螺旋桨、高压喷嘴，使能在水上移动的交通运输手段。另外，民用船通常称为船(古称舳舻)、船舶、轮机、舫，军用船称为舰(古称艨艟)、舰艇，小型船称为艇、舢舨、筏或舟，其总称为舰艇或船舶。 </p> <h2>术语</h2> ```	CSS 效果仅对当前 h1 标签生效，将其设置成字体颜色蓝色，字号 50px

（续表1）

步骤	操作及效果	说明

	`<p>`轮船（ship）和小艇（boat）的区别通常在于尺寸和航行时间。一个经验法则是，如果一艘船舶能携带另一艘，那么较大的那个就是轮船。
	`</p>`
	`</body>`
	`</html>`	

2. 文档样式表添加	```<style type="text/css">```
	    ```h1, h2 {```
	        ```color: brown;```
	        ```font-size: 30px;```
	        ```}```
	    ```</style>```
	
		CSS 效果仅对当前文档里的 h1 和 h2 标签生效，将其设置成字体颜色棕色，字号 30px

3. CSS 文件制作		h1 和 h2 标签设置成蓝色，30px P 标签设置成金色，20px

（续表2）

步骤	操作及效果	说明
4. 引入外部样式表	`<link rel="stylesheet" type="text/css" href="css/common.css">` 	CSS 样式引入当前文档，h1 和 h2 标签未生效，p 标签生效
5. 程序编制	根据所学知识，将三种 CSS 应用方式应用于同一网页文件中，并对文本显示做个性化处理	自主编写程序
6. 程序运行	小组互评，展示部分学生作品	任务结果展示
7. 师生交互	请通过实验，总结三种样式表的优先规则	回答问题 提出问题

四、任务完成评价表

班级		学号		学生姓名		
内容				评价		
能力目标		评价项目		5	3	2
知识能力	网页设计	能使用三种方式添加样式				
		能改变文字颜色、字号				
素质能力	欣赏能力					
	独立构思能力					
	发现问题、解决问题的能力					
	自主学习的能力					
	组织能力					
	小组协作能力					

知识拓展

我们能在网上看到炫酷的动画、精彩绝伦的交互效果，以及从 PC 端到移动端的响应式交互，要归功于 CSS。在 20 多年前，网页仅仅提供了文档展示能力，没有经过装饰的它就像一张黑白报纸那样简陋。1994 年哈坤·利（Hihon Lie）提出了 CSS 的最初建议。而当时伯特·波斯（Bert Bos）正在设计一个名为 Argo 的浏览器，于是他们决定一起设计 CSS。同年，W3C 组织（World Wide Web Consortium）成立，CSS 的创作成员全部加入了 W3C 的工作小组并且全力以赴负责研发 CSS 标准，层叠样式表的开发终于走上正轨。截至目前，CSS 已经出现了 4 个版本。

1. CSS1.0

1996 年 12 月，W3C 发布了第一个有关样式的标准 CSS1.0。这个版本中，已经包含了 font 的相关属性、颜色与背景的相关属性、文字的相关属性、box 的相关属性等。

2. CSS2.0

1998 年 5 月，CSS2.0 正式推出。这个版本推荐的是内容和表现效果分离的方式，并开始使用样式表结构。

3. CSS2.1

2004 年 2 月，CSS2.1 正式推出。它在 CSS2.0 的基础上略微做了改动，删除了许多不被浏览器支持的属性。

4. CSS3

从 2011 年开始 CSS 被分为多个模块单独升级，统称为 CSS3。

CSS 工作组认为，CSS 没有版本的概念，只有"级别"（level）的概念。比如，CSS3 其实是 CSS Level 3，CSS2 是 CSS Level 2，而 CSS Level 1 当然就是 CSS1。每个级别都以上一个级别为基础。

职业能力 3.1.2 CSS 的选择器

❖核心概念

要使用 CSS 对 HTML 页面中的元素实现一对一、一对多或者多对一的控制，就需要用到 CSS 选择器。HTML 页面中的元素就是通过 CSS 选择器进行控制的。CSS 选择器用于指明样式对哪些元素生效。

❖学习目标

1. 能根据实际场景选择相应 CSS 选择器。
2. 能使用标准格式书写 CSS 选择器。

基本知识

一、id 选择器与标签选择器

1. id 选择器

id 选择器可以通过 id 值选择元素。

语法格式：

Element#idValue{property1: value1; property2: value2; property3: value3; …}

- id 值通常是以字母开始的，中间可以出现数字、"-"和"_"等。
- 如果用数字开头，某些 XML 解析器会出现问题，且 id 值不能出现空格，因为这在 JavaScript 中不是一个合法的变量名。
- 同样，name、class 等属性值的书写规范与 id 值是一样的，不同的是它们不具备唯一性。
- 由于 id 的唯一性，通常会将 Element 省略。
- id 选择器虽然已经很明确地选择了某元素，但它依然可以用于其他选择器。例如，用在派生选择器中，可以选择该元素的后代元素或者子元素等。

2. 标签选择器

每一种 HTML 标签的名称都可以作为相应的标签选择器的名称，标签选择器是最简单的选择器，选择器通常是某个 HTML 元素，如 p、h1、a 等，甚至可以是 HTML 本身。其语法格式如下：

Element{property1: value1; property2: value2; property3: value3; …}

二、类选择器与群组选择器

1. 类选择器

类选择器可以为指定 class 的 HTML 元素指定样式。其语法格式如下：

Element.classValue {property1: value1; property2: value2; property3: value3; …}

- 元素 Element 可以省略，省略后表示在所有元素中筛选，有相同的 class 属性将会被选择。
- 如果指定某类型元素的相同的 class 属性，那么需要指定 Element 的元素名称，如 . important 和 p. important。
- class 属性值除了不具有唯一性，其他规范与 id 值相同，即通常是以字母开头的，且不能出现空格。
- 类选择器也可以配合派生选择器，与 id 选择器不同的是，元素可以基于它的类而被选择。

只有适当地标注文档后，才能使用该选择器，所以使用该选择器之前通常需要先做一些构想和计划。要应用样式而不考虑具体设计的元素，最常见的方法就是使用类选择器。

2. 群组选择器

用逗号隔开选择器名称，进行选择器分组，这些选择器就可以具有相同的样式，我们可以称其为群组选择器。

三、派生选择器与通配符选择器

派生选择器依据元素在位置的上下文关系定义样式。

在 CSS1.0 中，这种选择被称为上下文选择器，CSS2.0 中改名为派生选择器，也有人将这种选择器叫作父子选择器。

派生选择器大致可以分成 3 种：后代选择器、子元素选择器、相邻兄弟选择器。

1. 后代选择器

后代选择器(descendant selector)可以选择某元素后代的元素，后代选  择器中两个元素之间的间隔可以是无限的。

其语法格式如下：

父元素　子元素 {property1：value1；property2：value2；property3：value3；…}

在后代选择器中，语法左边的选择器一端包括两个或多个空格分隔选择器；选择器之间的空格是一种结合符。每个空格结合符可以解释为"……在……找到""……作的……的一部分""……作为……的后代"，但是要求必须从右向左读选择器。

2. 子元素选择器

子元素选择器(child selectors)只能选择作为某元素子元素(第 1 级后代)的元素。

它与后代选择器最大的不同就是元素间隔不同：

- 后代选择器相对于父元素来说，它所有的后代元素都是符合条件的；
- 子元素选择器相对于父元素来说，第一级子元素是符合条件的元素。

其语法格式如下：

父元素>子元素{property1：value1；property2：value2；property3：value3；…}

3. 相邻兄弟选择器

相邻兄弟选择器(adjacent sibling selector)可以选择紧接在另一元素后的元素，且二者有相同父元素。

与后代选择器和子元素选择器不同的是，相邻兄弟选择器针对的元素是同级元素，且两个元素是相邻的，拥有相同的父元素。

其语法格式如下：

兄元素+弟元素{property1：value1；property2：value2；property3：value3；…}

4. 通配符选择器

通配符选择器(universal selector)也是一种简单选择器，用星号表示，  一般称之为通配符，也称为全局选择器，表示对任意元素都有效，所以要尽量避免使用。其语法格式如下：

* {property1：value1；property2：value2；property3：value3；…}

四、伪类和伪元素选择器

在选取元素时，可根据元素的特殊状态选取元素的选择器，即为伪类选择器和伪元素选择器。

伪类是指那些处在特殊状态的元素，效果等同于向文档中某部分应用了一个类。伪元素是指那些元素中特别的内容，与伪类不同的是，伪元素表示的是元素内部的东西，逻辑上存在，但在 DOM 树中并不存在与之对应关联的部分。

- 伪类名可以单独使用，泛指所有元素(通用伪类)。
- 伪类名也可以和元素名称连起来使用，特指某类元素(专用伪类)。
- 伪类以冒号(:)开头，元素选择符和冒号之间不能有空格，伪类名中间也不能有空格。

伪类选择器语法格式如下：

E: pseudo-class{property1: value1; property2: value2; property3: value3;}

伪元素选择器语法格式如下：

E:: pseudo-element{property1: value1; property2: value2; property3: value3;}

在 CSS 中常用的伪类如表 3-2 所示。

表 3-2　CSS 中常用伪类

伪类名	含义
: active	向被激活的元素添加样式
: focus	向拥有输入焦点的元素添加样式
: hover	向鼠标悬停在上方的元素添加样式
: link	向未被访问的链接添加样式
: visited	向已被访问的链接添加样式
: first-child	向元素添加样式，且该元素是它的父元素的第一个子元素
: lang	向带有指定 lang 属性的元素添加样式

在 CSS 中常用的伪元素如表 3-3 所示。

表 3-3　CSS 中常用伪元素

伪元素名	含义
: first-letter	向文本的第一个字母添加样式
: first-line	向文本的第一行添加样式
: after	在元素之后添加内容
: before	在元素之前添加内容

活动设计

一、活动条件

练习素材文件夹 3.1.2。

二、活动组织

1. 每组三至四人，每组成员协作完成各种选择器的使用。
2. 学员间互相点评。
3. 教师重申操作步骤与代码规范，要求学员举一反三。

三、活动实施

步骤	操作及效果	说明

1. id 选择器	```
	<! DOCTYPE HTML>
	<html>
	  <head>
	      <meta http-equiv="content-type" content="text/html; charset=utf-8">
	      <title>id选择器</title>
	      <style type="text/css">
	          #p_ title,
	          #p_ content abbr {
	            color: red;
	            }
	      </style>
	  </head>
	  <body>
	      <p id="p_ title">HTML基础</p>
	      <p id="p_ content"><abbr title="HyperText Markup Language">HTML
	      </abbr>，超文本标记语言。HTML 文档就是我们所说的网页，是互联网中最重要的信息交流媒体。</p>
	  </body>
	</html>
	``
	
		id 选择器只能在 HTML 页面中使用一次，针对性更强

2. 类选择器	``` <! DOCTYPE HTML> <html> <head> <meta http-equiv="content-type" content="text/html; charset=utf-8"> ```	在 HTML 的标记中，还可以同时给一个标记运用多 class 类别选择器

（续表1）

步骤	操作及效果	说明

	``
	<title>类选择器</title>
	<style type="text/css">
	    .important {
	        color: red;
	    }
	    p.important {
	        color: blue;
	    }
	</style>
	</head>
	<body>
	<h1 class="important">HTML 的历史</h1>
	<p>HTML(第一版)：在 1993 年 6 月作为互联网工程工作小组(IETF)工作草案发布</p>
	<p>HTML 2.0：1995 年 11 月作为 RFC 1866 发布。</p>
	<p>HTML 3.2：1997 年 1 月 14 日，W3C 推荐标准。</p>
	<p>HTML 4.0：1997 年 12 月 18 日，W3C 推荐标准。</p>
	<p class="important">HTML 4.01：1999 年 12 月 24 日，W3C 推荐标准，是现在开发者广泛使用的版本</p>
	</body>
	</html>
	``	

HTML的历史

HTML (第一版)：在1993年6月作为互联网工程工作小组 (IETF) 工作草案发布

HTML 2.0: 1995年11月作为RFC 1866发布。

HTML 3.2: 1997年1月14日，W3C推荐标准。

HTML 4.0: 1997年12月18日，W3C推荐标准。

HTML 4.01: 1999年12月24日，W3C推荐标准，是现在开发者广泛使用的版本

步骤	操作及效果	说明

3. 群组
选择器
	``
	h1, h2, h3, h4, h5, h6{
	    Color: green;
	}
	``
		具有相同样式的选择器，可以将这一系列的选择器分成一个组，用逗号将每个选择器分开

4. 后代
选择器
	``
	<!DOCTYPE HTML>
	<html>
	  <head>
	    <meta http-equiv="content-type" content="text/html; charset=utf-8">
	    <title>后代选择器</title>
	    <style type="text/css">
	      h1 em {
	        color: red;
	      }
	``
		表示"……内的……"

（续表2）

步骤	操作及效果	说明

	`</style>`
	`</head>`
	`<body>`
	　`<h1><em>HTML</em>基础</h1>`
	　`<p><em>HTML</em>，超文本标记语言（HyperText Markup Language，简称 HTML）。</p>`
	　`</body>`
	`</html>`	

5. 子元素
选择器
	`<! DOCTYPE HTML>`
	`<html>`
	　`<head>`
	　　`<meta http-equiv="content-type" content="text/html; charset=utf-8">`
	　　`<title>子元素选择器</title>`
	　　`<style type="text/css">`
	　　　`p>em {`
	　　　　`color: red;`
	　　　`}`
	　　`</style>`
	　`</head>`
	　`<body>`
	　`<p><abbr title="HyperText Markup Language"><em>HTML</em></abbr>，超文本标记语言，简称<em>HTML</em>。</p>`
	　`</body>`
	`</html>`	

6. 相邻
兄弟
选择器
	`<! DOCTYPE HTML>`
	`<html>`
	　`<head>`
	　　`<meta http-equiv="content-type" content="text/html; charset=utf-8">`
	　　`<title>相邻兄弟选择器</title>`
	　　`<style type="text/css">`
	　　　`h1+p {`	

（续表3）

步骤	操作及效果	说明
	```html color: red; } </style> </head> <body> <h1>HTML 基础</h1> <p>HTML，超文本标记语言（HyperText Markup Language，简称 HTML）。</p> <p>HTML 文档就是我们所说的网页，是互联网中最重要的信息交流媒体。</p> </body> </html> ``` **HTML基础** HTML，超文本标记语言（HyperText Markup Language，简称HTML）。 HTML文档就是我们所说的网页，是互联网中最重要的信息交流媒体。	
7. 通配符 选择器	```html <!DOCTYPE HTML> <html> <head> <meta http-equiv="content-type" content="text/html; charset=utf-8"> <title>通配符选择器</title> <style type="text/css"> * { color: red; } </style> </head> <body> <h1>HTML 基础</h1> <p>HTML，超文本标记语言（HyperText Markup Language，简称 HTML）。</p> </body> </html> ``` **HTML基础** HTML，超文本标记语言（HyperText Markup Language，简称HTML）。	又称为全局选择器，作用于所有元素，所以要尽量避免使用

（续表4）

步骤	操作及效果	说明

8. 伪类选择器	```html
	<! DOCTYPE HTML>
	<html>
	  <head>
	    <meta http-equiv="content-type" content="text/html; charset=utf-8">
	    <title>CSS 伪类</title>
	  </head>
	  <style type="text/css">
	    a: link {
	        font-size: 20px;
	    }
	    a: hover {
	        color: red;
	    }
	    a: active {
	        font-size: 30px;
	    }
	    input: focus {
	        background-color: yellow;
	    }
	    li: first-child {
	        font-size: 30px;
	    }
	  </style>
	  <body>
	    <a href="http: //www. baidu. com">www. baidu. com</a>
	
	    <a href="http: //www. sohu. com">www. sohu. com</a>
	
	    <a href="http: //www. sina. com">www. sina. com</a>
	
	    <form action="login" method="post">
	        用户名: <input type="text" name="username" id="username" value="" />
	
	        密码: <input type="password" name="password" id="password" value="" />
	    </form>
	    <ul>
	      <li>吃</li>
	      <li>喝</li>
	      <li>玩</li>
	      <li>乐</li>
	    </ul>
	    <ul>
	``
		伪类用于选择处于特定状态的元素，效果等同于向文档某个部分应用了一个类

（续表5）

步骤	操作及效果	说明
	```html\n <li>太平洋</li>\n <li>大西洋</li>\n <li>北冰洋</li>\n <li>印度洋</li>\n </ul>\n </body>\n</html>\n```	
9. 伪元素选择器	```html\n<! DOCTYPE HTML PUBLIC " -//W3C//DTD HTML 4.01//EN "\n"http: //www.w3.org/TR/ html4/strict.dtd">\n<html>\n <head>\n <meta http-equiv = "content-type" content = "text/html;\ncharset=utf-8">\n <title>CSS 伪元素</title>\n </head>\n <style type="text/css">\n p: first-child: first-letter {\n color: #ff0000;\n font-size: xx-large;\n }\n p: first-child: first-line {\n color: #0000ff;\n font-variant: small-caps;\n }\n div: first-line{\n color: #0000ff;\n font-variant: small-caps;\n }\n h1: before {\n content:\n url(https: //ss0.bdstatic.com/5aV1bjqh_ Q23odCf/\nstatic/ superman/img/logo_ top_ 86d58ae1.png);\n }\n h2: after {\n content:\n url(https: //ss0.bdstatic.com/5aV1bjqh_ Q23odCf/\nstatic/ superman/img/logo_ top_ 86d58ae1.png);\n }\n```	伪元素的前缀在旧标准中是一个冒号，新标准中为了和伪类区分开，前缀是两个冒号

（续表6）

步骤	操作及效果	说明

	``html
	</style>
	<body>
	  <p>北京欢迎你</p>
	  <p>北京欢迎你</p>
	  <div>
	      北京欢迎你
	
	      北京欢迎你
	  </div>
	  <h1>百度</h1>
	  <h2>百度</h2>
	</body>
	</html>
	``	

10. 程序运行	小组互评，展示部分学生作品	任务结果展示
11. 师生交互	请通过实验，总结各种选择器的特点	回答问题 提出问题

四、任务完成评价表

班级		学号		学生姓名		
内容				评价		
能力目标	评价项目			5	3	2
知识能力	网页设计	熟练使用各种选择器，实现页面的美化				
素质能力	欣赏能力					
	独立构思能力					
	发现问题、解决问题的能力					
	自主学习的能力					
	组织能力					
	小组协作能力					

知识拓展

　　当某元素层叠到的样式单较多时，我们通常会对样式单进行权重排序，计算如下：

　　从 0 开始，一个行内样式加 1000，一个 id 加 100，一个属性选择器/class 或者伪类加 10，一个元素名或者伪元素加 1。

　　例如：body#content. data img: hover 选择器，#conten 是一个 id 选择器加 100，. data 是一个类选择器加 10，: hover 是伪类选择器加 10，body 和 img 是元素各加 1，最终权重值为 0122。

- 针对某元素，在不同的权重选择器中，值高的选择器才会生效。
- 如果是相同的权重，后出现的选择器生效。

任务 3.2　CSS 常用样式

职业能力 3.2.1　CSS 样式的单位和颜色

核心概念

　　在 HTML 中，无论是文字的大小，还是图片的长宽设置，通常都使用像素或百分比进行设置。而在 CSS 中，就有了更多的选择，可以用多种长度单位，主要分为两种类型，一种是相对类型，另一种是绝对类型。而文字的各种颜色配合其他页面元素组成了五彩缤纷的页面。在 CSS 中文字颜色是通过 color 属性设置的。

学习目标

1. 能正确使用 CSS 单位。
2. 能正确使用 CSS 颜色设置。

基本知识

一、单位

1. 相对类型

（1）px（piexl）

像素，由于它会根据显示设备的分辨率的多少而代表不同的长度，因此它属于相对类型。

（2）em

em 是设置以目前的高度为单位。em 作为尺度单位是以 font-size 属性为参考依据的，如果没有 font-size 属性，就以浏览器默认字符高度作为参考。

（3）%

%表示相对于当前字符大小。

2. 绝对类型

（1）pt

pt 是磅、点，是最基本的显示单位，较少使用。

（2）pc

pc 应用于印刷行业中，1pc＝2pt。

二、颜色

1. rgb（x，x，x）

rgb（x，x，x）由 red、green、blue 三个基本颜色分量的值混合而成，每个颜色分量取值为 0~255。

2. rgb（x%，x%，x%）

rgb（x%，x%，x%）由 red、green、blue 三个基本颜色分量的值混合而成，每个颜色分量取值 0%~100%。

3. rgba（x，x，x，x）

RGB 值，a 值：0.0（完全透明）与 1.0（完全不透明）。

4. transarent

transarent 表示透明。

5. #rrggbb

#rrggbb 表示十六进制数颜色值，每两位表示一个颜色分量，每两位均相同则可以简写为三位。

活动设计

一、活动条件

练习素材文件夹 3.2.1。

二、活动组织

1. 每组三人，练习各种单位和颜色的设置方法。

2. 学员间互相点评。

3. 每组每位学员轮换操作。

4. 教师重申操作步骤与代码规范，要求学员举一反三。

三、活动实施

步骤	操作及效果	说明

1. 单位	img{
	width: 100px;
	height: 100px;
	}
	h1{
	margin: 2em;
	}
	p{
	line-height: 130% ;
	}
		对比各种单位的不同使用方法

2. 颜色	h3{color: blue;} h3{color: #0000ff;} h3{color: #00f;} h3{color: rgb(0, 0, 255);} h3{color: rgb(0% , 0% , 100%);} h3{color: rgba(0, 0, 255, 0.5);}	几种方法都是将文本设置为蓝色
3. 程序运行	小组互评，展示部分学生作品	任务结果展示
4. 师生交互	请通过实验，总结颜色和单位的用法	回答问题 提出问题

四、任务完成评价表

班级		学号		学生姓名		
内容				评价		
能力目标		评价项目		5	3	2
知识能力	网页设计	CSS 样式中的单位				
		CSS 样式中颜色				
素质能力	欣赏能力					
	独立构思能力					
	发现问题、解决问题的能力					
	自主学习的能力					
	组织能力					
	小组协作能力					

职业能力 3.2.2 文本与字体样式

❖**核心概念**

HTML 最核心的内容还是以文本内容为主，CSS 也为 HTML 的文字设置字体属性，不仅可以更换不同的字体，还可以设置文字的风格等。而我们经常需要控制 HTML 网页中文本的颜色、对齐方式、换行风格等显示效果，这些效果都是由 CSS 文本属性控制的。

❖**学习目标**

1. 掌握 CSS 样式中字体的操作方法。
2. 掌握 CSS 样式中文本的操作方法。

👉 **基本知识**

一、文本样式

CSS 中常用文本样式的属性及取值如表 3-4 所示。

表 3-4　CSS 中常用文本样式的属性及取值

属性名称	描述	属性值
color	文本颜色	颜色值 例如：red #f00 rgb(255, 0, 0)
letter-spacing	字符间距	正数，字符间距拉大 负数，字符间距缩小，甚至字符重叠，例如 letter-spacing：-3px
line-height	行高	1.5em；1.5 倍行高
text-align	水平对齐	center 居中对齐 left 左对齐 right 右对齐 justify 两端对齐
text-decoration	装饰线	none 无装饰线 overline 顶部装饰线 underline 底部装饰线 line-through 删除线
text-indent	首行缩进	text-indent：2em；首行缩进 2 字符

二、字体样式

CSS 中常用字体样式的属性及取值如表 3-5 所示。

表 3-5　CSS 中常用字体样式的属性及取值

属性名称	描述	属性值
font-family	字体系列	font-family："Microsoft YaHei"，sans-serif
font-size	字号	像素值 14px 百分比 120% xx-small、x-small、small、medium、large、x-large、xx-large
font-style	斜体	normal 正常 italic 斜体
font-weight	粗体	normal 正常 bold 从粗体 100，200，300~900
font	字体属性的 合并简写形式	格式为 font：斜体 粗体 字号/行高 字体。例如： font：italic bold 16px/1.5em "宋体"； font：bold 18px "幼圆"

活动设计

一、活动条件

练习素材文件夹 3.2.2。

二、活动组织

1. 每组三人，练习字体和文本的设置方法。
2. 学员间互相点评。
3. 每组每位学员轮换操作。
4. 教师重申操作步骤与代码规范，要求学员举一反三。

三、活动实施

步骤	操作及效果	说明
1. 文本 样式	```<!DOCTYPE HTML><html> <head> <meta http-equiv="content-type" content="text/html; charset=utf-8"> <title>CSS 字体属性</title> </head> <body> <p style="font-family: FangSong; font-size: 20px;"> <span style="font-family: SimHei; font-size: xx-large;">从前有一座山，</span> <span style="font-family: LiSu, KaiTi; font-size: 20% ;">山里有一个庙，</span>庙里有一个老和尚，给小和尚讲故事。故事讲的是： ```	属性值直接用空格拼接，作为 font 的属性值即可。还可以直接设置 inherit，从父元素继承

（续表1）

步骤	操作及效果	说明

操作及效果列内容：

```
    <span style="font-size: smaller;">从前有一座山,
</span>
     <span style="font-style: oblique;">山里有一个庙,
</span>
     <span style="font-style: italic;">庙里有一个老和尚,
</span>...
    <br />
    <span>abcdefg ABCDEFG</span><br />
     <span style="font-variant: small-caps;">abcdefg
ABCDEFG</span> <br />
    <span>故事讲完了, 谢谢欣赏! </span><br />
    <span style="font-weight: 200;">故事讲完了, 谢谢欣赏!
</span><br />
    <span style="font-weight: bold;">故事讲完了, 谢谢欣
赏! </span><br />
    <span style="font: italic 40px blod SimHei;">请问, 国
王陛下, 对我的故事还满意否? </span>
    </p>
  </body>
</html>
```

2. 字体样式

操作及效果列内容：

```
<! DOCTYPE HTML>
<html>
  <head>
    <meta http-equiv="content-type" content="text/html;
charset=utf-8">
     <title>CSS 文本属性</title>
  </head>
  <body>
    <p>吾乃燕人张翼德! 谁敢上前与我一战? </p>
    <p style="color: red;">吾乃燕人张翼德! 谁敢上前与我一战? </p>
    <p style="direction: rtl;">吾乃燕人张翼德! 谁敢上前与我
一战? </p>
    <p style="letter-spacing: -5px;">吾乃燕人张翼德! 谁敢上
前与我一战? </p>
    <p style="letter-spacing: 10px;">吾乃燕人张翼德! 谁敢上
前与我一战? </p>
    <p>吾乃燕人张翼德! <br />谁敢上前与我一战? </p>
```

（续表2）

步骤	操作及效果	说明
	`<p style="line-height: 1.5;">吾乃燕人张翼德！ 谁敢上前与我一战？</p>` `<p style="line-height: 200% ;">吾乃燕人张翼德！ 谁敢上前与我一战？</p>` `<p style="line-height: 5px;">吾乃燕人张翼德！ 谁敢上前与我一战？</p>` `</body>` `</html>` 吾乃燕人张翼德！谁敢上前与我一战？ 吾乃燕人张翼德！谁敢上前与我一战？ 吾乃燕人张翼德！谁敢上前与我一战 吾乃燕人张翼德！谁敢上前与我一战？ 吾 乃 燕 人 张 翼 德 ！ 谁 敢 上 前 与 我 一 战 ？ 吾乃燕人张翼德！ 谁敢上前与我一战？ 吾乃燕人张翼德！ 谁敢上前与我一战？ 吾乃燕人张翼德！ 谁敢上前与我一战？ 谁敢上前与我一战？	
3. 程序运行	小组互评，展示部分学生作品	任务结果展示
4. 师生交互	请通过实验，熟练操作字体和文本的样式设置	回答问题 提出问题

四、任务完成评价表

班级		学号		学生姓名		
内容				评价		
能力目标		评价项目		5	3	2
知识能力	网页设计	能使用3种方式添加样式				
素质能力	欣赏能力					
	独立构思能力					
	发现问题、解决问题的能力					
	自主学习的能力					
	组织能力					
	小组协作能力					

职业能力 3.2.3　背景样式

❖**核心概念**

　　CSS 允许为任何元素添加纯色作为背景，也允许使用图像作为背景，并且可以精准控制背景图像。

❖**学习目标**

　　重点理解背景的设置方法，包括背景颜色和背景图像，特别是背景图像的具体属性，包括位置、平铺等内容。

👉 **基本知识**

CSS 中涉及的背景样式如表 3-6 所示

表 3-6　CSS 中涉及的背景样式

属性名称	描述	属性值
background-color	背景颜色	red、#f00、rgb(255, 0, 0)、rgba(255, 0, 0, 0.5)
background-image	背景图片	取值为 url 函数，例如： background-image: url("bg. jpg")
background-repeat	背景图片填充 重复方式	repeat 棋盘格重复填充 repeat-x 水平方向重复填充一行 repeat-y 水平方向重复填充一列 no-repeat 不重复，只显示一次背景图片
background-position	起始位置	水平方向垂直方向，例如： background-position: left center;
background-size	图片大小	cover 放大图像，铺满元素 contain 缩小图像，图片元素
background	统一设置	格式为：颜色 图片 重复方式 位置 大小

👉 **活动设计**

一、活动条件

练习素材文件夹 3.2.3。

二、活动组织

1. 每组三人，练习背景的设置方法。

2. 学员间互相点评。

3. 每组每位学员轮换操作。

4. 教师重申操作步骤与代码规范，要求学员举一反三。

三、活动实施

步骤	操作及效果	说明

1. 纯色背景	<pre><! DOCTYPE HTML>
	<html>
	　<head>
	　　<meta http-equiv="content-type" content="text/html;
	charset=utf-8">
	　　<title>background-color</title>
	　</head>
	　<body>
	　　<table border="1">
	　　<tr>
	　　　<td style="background-color: red;">红色</td>
	　　　<td style="background-color: #ffff00 ;">黄色</td>
	　　　<td style="background-color: rgb(128, 128, 128);">
	灰色</td>
	　　　</tr>
	　　</table>
	　</body>
	</html></pre>
	
	□ background-color　　×　+
	
	←　→　C　🐾
	
	黄色
		在 CSS 中可以使用 3 个字母的颜色表达方式，例如 #0f0 就等价于 #00ff00

2. 图片背景和填充方式	<pre><! DOCTYPE HTML>
	<html>
	<head>
	　<meta http-equiv="content-type" content="text/html;
	charset=utf-8">
	<title>background-image 和 background-repeat</title>
	　</head>
	<body>
	<table border="1">
	<div style="
	width: 200px;
	height: 200px;
	background-image: url(https: //ss0.bdstatic.com/5aV1bjqh_
	Q23odCf/static/superman/img/logo_ top_ 86d58ae1.png);">
	</div>
	<hr /></pre>
		重复填充的背景图片通常被处理为一个很小的图片，然后铺满整个元素，例如：图片宽度 1px

（续表1）

步骤	操作及效果	说明

	``html
	<div style="
	width: 200px;
	height: 200px;
	background-image:
	url(https: //ss0. bdstatic.com/5aV1bjqh_ Q23odCf/static/
	superman/img/logo_ top_ 86d58ae1. png); background - re-
	peat: repeat-x;">
	</div>
	<hr />
	<div style="
	width: 200px;
	height: 200px;
	background-image:
	url(https: //ss0. bdstatic.com/5aV1bjqh_ Q23odCf/static/
	superman/img/logo_ top_ 86d58ae1. png); background - re-
	peat: repeat-y;">
	</div>
	<hr />
	<div style="
	width: 200px;
	height: 200px;
	background-image:
	url(https: //ss0. bdstatic.com/5aV1bjqh_ Q23odCf/static/
	superman/img/logo_ top_ 86d58ae1. png); background - re-
	peat: no-repeat;">
	</div>
	<hr />
	</table>
	</body>
	</html>
	``	

（续表2）

步骤	操作及效果	说明

3. 图片定位	<pre><! DOCTYPE HTML PUBLIC " -//W3C//DTD HTML 4.01//EN "
	"http: //www. w3. org/TR/ html4/strict. dtd">
	<html>
	  <head>
	    <meta
	     http-equiv ="content-type" content ="text/html;
	charset=utf-8">
	    <title>background-position</title>
	  </head>
	  <body>
	    <div style="width: 200px; height: 200px;
	        background - image: url (https: //
	ss0. bdstatic. com/5aV1bjqh _ Q23odCf/static/superman/img/
	logo_ top_ 86d58ae1. png);
	      background-repeat: no-repeat;
	      background-position: center center;">
	    </div>
	    <hr />
	    <div style="width: 200px; height: 200px;
	        background - image: url (https: //
	ss0. bdstatic. com/5aV1bjqh _ Q23odCf/static/superman/img/
	logo_ top_ 86d58ae1. png);
	      background-repeat: no-repeat;
	      background-position: 90% 20% ;">
	    </div>
	    <hr />
	  </body>
	</html></pre>
		background-position 属性设置非常灵活，可以只用长度直接设置，也可以使用百分比或关键字来设置

（续表3）

步骤	操作及效果	说明

4. 复合属性	```html
	<! DOCTYPE HTML>
	<html>
	  <head>
	    <meta http-equiv = "content-type" content = "text/html; charset=utf-8">
	    <title>background</title>
	  </head>
	  <body>
	    <div style = "
	width: 200px; height: 200px;
	        background: #ffff00 url(https: //ss0.bdstatic.com/ 5aV1bjqh _ Q23odCf/static/superman/img/logo _ top _ 86d58ae1.png) no-repeat;">
	    </div>
	    <hr />
	    <div style = "
	width: 200px; height: 200px;
	      background:
	       url (https: //ss0.bdstatic.com/5aV1bjqh _ Q23odCf/ static/superman/img/logo_ top_ 86d58ae1.png) no - repeat 50% 50% ;">
	    </div>
	    <hr />
	  </body>
	</html>
	``
	
		复合属性值用空格拼接，作为 background 的属性值即可。还可以直接设置 inherit，从父元素继承

5. 程序运行	小组互评，展示部分学生作品	任务结果展示
6. 师生交互	请通过实验，熟练操作背景的样式设置	回答问题 提出问题

四、任务完成评价表

班级		学号		学生姓名		
内容		评价				
能力目标		评价项目		5	3	2
知识能力	网页设计	超链接的设置 音频的设置 视频的设置				
素质能力	欣赏能力					
	独立构思能力					
	发现问题、解决问题的能力					
	自主学习的能力					
	组织能力					
	小组协作能力					

职业能力 3.2.4　列表样式

❖ **核心概念**

　　无序列表和有序列表的属性是相同的，可以设置列表项标号等样式。CSS列表属性属于用于改变列表项的标记，甚至用图像作为列表项的标记。

❖ **学习目标**

　　重点理解列表的设置方法，包括列表项的标号类型、位置，以及以图项作为列表标号。

基本知识

　　CSS列表属性如表3-7所示。

表3-7　CSS列表属性

属性名称	描述	属性值
list-style-type	列表项目标号类型	无序列表：disc、circle、square 有序列表：decimal、lower-alpha
list-style-position	列表项标号位置	inside：标号位于列表区域内 outside：标号位于列表区域外
list-style-image	以图像显示列表项标号	list-image：url（"img/blur.jpg"）；
list-style	统一简写形式	取值：标号类型 标号位置 标号图像 例如：list-style：square inside url（"blur.jpg"）

活动设计

一、活动条件

练习素材文件夹 3.2.4。

二、活动组织

1. 每组三人，练习列表样式的设置方法。
2. 学员间互相点评。
3. 每组每位学员轮换操作。
4. 教师重申操作步骤与代码规范，要求学员举一反三。

三、活动实施

步骤	操作及效果	说明
1. 纯色背景	```html\n<! DOCTYPE HTML>\n<html>\n <head>\n <meta http-equiv="content-type" content="text/html;\ncharset=utf-8">\n <title>CSS 列表属性</title>\n </head>\n <body>\n <ul>\n <li>水果</li>\n <li>蔬菜</li>\n <li>肉类</li>\n </ul>\n <ul style="list-style-position: inside; list-style-\nimage: url (' ./bulb.png');">\n <li>水果</li>\n <li>蔬菜</li>\n <li>肉类</li>\n </ul>\n <ul style="list-style-type: decimal;">\n <li>水果</li>\n <li>蔬菜</li>\n <li>肉类</li>\n </ul>\n <ul style="list-style: square inside;">\n <li>水果</li>\n <li>蔬菜</li>\n <li>肉类</li>\n```	在 CSS 中可以使用 3 个字母的颜色表达方式，例如 #0f0 就等价于 #00ff00

(续表)

步骤	操作及效果	说明
	</ul> </body> </html> CSS列表属性 ← → C ☆ 在百度中搜索，或者输入 • 水果 • 蔬菜 • 肉类 ♀ 水果 ♀ 蔬菜 ♀ 肉类 1. 水果 2. 蔬菜 3. 肉类 ■ 水果 ■ 蔬菜 ■ 肉类	
2. 程序运行	小组互评，展示部分学生作品	任务结果展示
3. 师生交互	请通过实验，熟练操作列表的样式设置	回答问题 提出问题

四、任务完成评价表

班级		学号		学生姓名		
内容				评价		
能力目标		评价项目		5	3	2
知识能力	网页设计	表格样式				
素质能力	欣赏能力					
	独立构思能力					
	发现问题、解决问题的能力					
	自主学习的能力					
	组织能力					
	小组协作能力					

职业能力 3.2.5 表格样式

❖核心概念

CSS 表格属性用于改变表格的外观。表格的边框、宽度、高度等都可以进行样式设置。

◈学习目标

重点理解表格的设置方法，包括列表项的标号类型、位置，以及以图项作为列表标号。

☞ 基本知识

CSS 表格属性如表 3-8 所示。

表 3-8　CSS 表格属性

属性名称	描述	属性值
border	边框	取值：宽度、线条类型、颜色 例如：设置边框为1px，蓝色实线 border：1px solid blue
width	宽度	500px 100%
height	高度	500px 100%
border-collapse	合并位置	separate 表格边框与单元格边框分开 collapse 合并为单一边框
caption-side	标题位置	top 标题位于表格上方 bottom 标题位于表格下方
vertical-align	文本在单元格内部垂直对齐方式	top 居上 center 居中 bottom 居下

☞ 活动设计

一、活动条件

练习素材文件夹 3.2.5。

二、活动组织

1. 每组三人，练习列表样式的设置方法。
2. 学员间互相点评。
3. 每组每位学员轮换操作。
4. 教师重申操作步骤与代码规范，要求学员举一反三。

三、活动实施

步骤	操作及效果	说明

1. 表格属性	`<!DOCTYPE HTML>`
	`<html>`
	`<head>`
	`    <meta http-equiv="content-type" content="text/html; charset=utf-8">`
	`<title>CSS 表格属性</title>`
	`</head>`
	`<body>`
	`<table border="1">`
	`<tr>`
	`<th>昨天</th>`
	`<th>今天</th>`
	`<th>明天</th>`
	`</tr>`
	`<tr>`
	`<td>吃饭</td>`
	`<td>睡觉</td>`
	`<td></td>`
	`</tr>`
	`</table>`
	`<hr />`
	`<table border="1" style="border-collapse: collapse; border-spacing: 10px 20px;">`
	`    <caption>日程表</caption>`
	`<tr>`
	`  <th>昨天</th>`
	`    <th>今天</th>`
	`<th>明天</th>`
	`</tr>`
	`<tr>`
	`    <td>吃饭</td>`
	`    <td>睡觉</td>`
	`    <td></td>`
	`</tr>`
	`</table>`
	`<hr />`
	`<table border="1" style="border-collapse: collapse; border-spacing: 10px 20px; caption-side: bottom;">`
	`    <caption>日程表</caption>`
	`<tr>`
	`    <th>昨天</th>`
	`    <th>今天</th>`
	`    <th>明天</th>`
		在设置表格样式时，常应用 border-collapse 属性设置表格边框是否与单元格边框重合

（续表）

步骤	操作及效果	说明

	``html
	</tr>
	<tr>
	    <td>吃饭</td>
	    <td>睡觉</td>
	   <td></td>
	</tr>
	</table>
	<hr />
	  <table border="1" style="border-collapse: separate;
	border-spacing: 10px 20px; empty-cells: hide;">
	<tr>
	  <th>昨天</th>
	  <th>今天</th>
	  <th>明天</th>
	</tr>
	<tr>
	  <td>吃饭</td>
	    <td>睡觉</td>
	<td></td>
	</tr>
	</table>
	</body>
	</html>
	``	

2. 程序 运行	小组互评，展示部分学生作品	任务结果展示
3. 师生 交互	请通过实验，熟练操作表格的样式设置	回答问题 提出问题

四、任务完成评价表

班级		学号		学生姓名		
内容		评价				
能力目标		评价项目		5	3	2
知识能力	网页设计	超链接的设置 音频的设置 视频的设置				
素质能力	欣赏能力					
	独立构思能力					
	发现问题、解决问题的能力					
	自主学习的能力					
	组织能力					
	小组协作能力					

任务 3.3　定位与布局

职业能力 3.3.1　盒子模型

◈核心概念

盒子模型是 CSS 布局网页非常重要的概念，只有掌握了盒子模型以及其中每个元素的使用方法，才能真正对页面中各个元素的位置进行布局。

◈学习目标

1. 了解 CSS 盒模型的概念及组成。
2. 掌握内边距（padding）、边框（border）、外边距（margin）几个要素的设置方法。

基本知识

一、盒子模型的概念

在网页设计中常用的属性如下：内容（content）、内边距（padding）、边框（border）和外边距（margin），这些属性盒子模型均具备。这些属性如同我们日常生活中的盒子（箱子）——日常生活中所见的盒子也具有这些属性，因此称其为盒子模型。

二、盒子模型的组成

页面上的区域、图片、导航、列表、段落都可以是盒子，盒子由内容、边框以及一些留白构成，这些留白称为填充或边距，盒子模型的组成如图 3-1 所示。

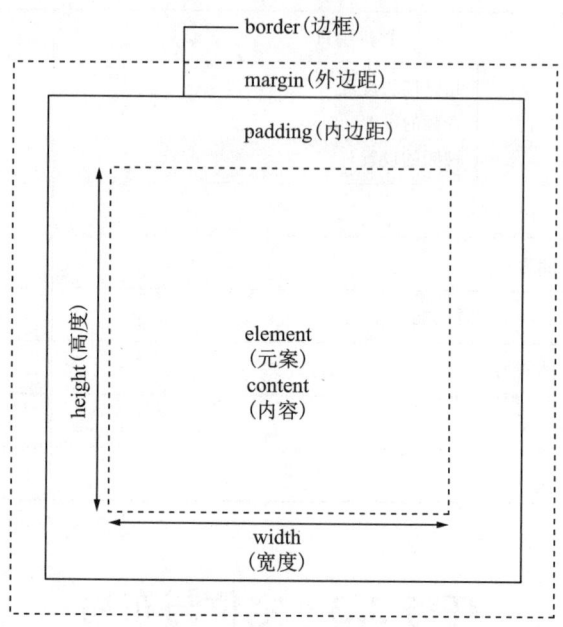

图 3-1　盒子模型组成

1. box-sizing 属性

box-sizing 属性决定盒子大小计算方式。

盒子的总宽度 = width+padding+border+margin

盒子的总高度 = height+padding+border+margin

2. border 属性

border 属性可以设置边框的宽度、样式、颜色，如表 3-9 所示。

表 3-9　**border** 属性名称及属性值

属性名称	描述	属性值
border-style	线条样式	dotted 点线 dashed 虚线 solid 实线 double 双实线
border-width	宽度	px、thin、medium、thick
border-color	颜色	4 个方向颜色均相同，例如：border-color：red； 上、右、下、左边框颜色可以分别设置， 例如：border-color：red green blue yellow

表 3-9（续）

属性名称	描述	属性值
border-方向	某个方向统一设置	分别为 border-top、border-right、border-bottom、border-left 属性值格式（即宽度、样式、颜色） 例如：border-top：2px solid red；
border	4 个方向统一设置	格式：宽度 样式 颜色 例如：border：2px solid red；

3. padding 属性

padding 属性可以设置内容与边框之间的距离，即内边距。

padding-top、padding-right、padding-bottom、padding-left 精准控制内边距。

padding 属性，按照上右下左的顺序定义，也可以省略方式定义，例如：

padding：10px　10px　10px　10px；　　等价于 padding：10px；

padding：10px　5px　10px　5px；　　等价于 padding：10px　5px；

4. margin 属性

元素的外边距是围绕在元素边框和元素内容之间的距离。margin 属性可以设置边框之外的空白距离，即外边距。设置外边距会在元素外创建额外的"空白"。

margin 设置中需要注意以下几点：

（1）margin 有垂直外边距合并现象，两个盒子垂直方向边框间的距离由 margin 值较大的盒子决定。

（2）盒子在父元素里的水平居中方式可以通过 margin 完成，如：margin：20px auto。

（3）盒子嵌套时，应通过父元素的 padding-top 设置子元素距离父元素的上边距，防止出现 margin 塌陷，也可以通过给父元素加 border、float 属性等方式防止塌陷。

活动设计

一、活动条件

练习素材文件夹 3.3.1。

二、活动组织

1. 每组三人，练习盒子样式的设置方法。

2. 学员间互相点评。

3. 每组每位学员轮换操作。

4. 教师重申操作步骤与代码规范，要求学员举一反三。

三、活动实施

步骤	操作及效果	说明

1. 内边距	```
	<! DOCTYPE HTML>
	<html>
	  <head>
	    <meta http-equiv="content-type" content="text/html;
	charset=utf-8">
	    <title>CSS 内边距</title>
	  </head>
	  <style type="text/css">
	    h1.special_ title{
	        background-color: red;
	    padding-top: 10px;
	    padding-right: 0.25em;
	    padding-bottom: 2ex;
	    padding-left: 20% ; }
	  </style>
	  <body>
	    <h1>CSS 内边距</h1>
	    <h1 class="special_ title">CSS 内边距</h1>
	  </body>
	</html>
	``
	
	Web浏览器 ✕
	⚙ ▾ ⊡ ← → ▣ C http://127.0.0.1:8020/part1/02.CSS%e5'
	
	CSS内边距
	
	■■■■■■■■■
		属性值可以是 auto（自动）、长度（不允许使用负数）、百分比（相对于父元素宽度的比例）、inherit

2. 外边距	```
	<! DOCTYPE HTML>
	<html>
	  <head>
	    <meta http-equiv="content-type" content="text/html;
	charset=utf-8">
	    <title>CSS 外边距</title>
	  </head>
	  <style type="text/css">
	    h1.special_ title {
	      background-color: red;
	      margin: 2cm
	      }
	  </style>
	  <body>
	``
		属性值可以是 auto（自动）、长度（不允许使用负数）、百分比（相对于父元素高度的比例）、inherit

（续表1）

步骤	操作及效果	说明

	`<h1>CSS 外边距</h1>`
	`<hr />`
	`<h1 class="special_ title">CSS 外边距</h1>`
	`<hr />`
	`</body>`
	`</html>`	

3. 边框	`<! DOCTYPE HTML>`
	`<html>`
	`<head>`
	`<meta http-equiv="content-type" content="text/html; charset=utf-8">`
	`<title>CSS 边框样式</title>`
	`</head>`
	`<body>`
	`<p>借问酒家何处有，牧童遥指杏花村</p>`
	`<p style="border-style: hidden; border-width: 5px;">借问酒家何处有，牧童遥指杏花村</p>`
	`<p style="border-style: dotted; border-width: 5px;">借问酒家何处有，牧童遥指杏花村</p>`
	`<p style="border-style: dashed; border-width: 5px;">借问酒家何处有，牧童遥指杏花村</p>`
	`<p style="border-style: solid; border-width: 5px; border-color: aqua red chartreuse yellow;">借问酒家何处有，牧童遥指杏花村</p>`
	`<p style="border-style: double; border-width: 10px 5px;">借问酒家何处有，牧童遥指杏花村</p>`
	`<p style="border-style: groove; border-width: 10px; border-color: red;">借问酒家何处有，牧童遥指杏花村</p>`
	`<p style="border-style: ridge; border-width: 10px; border-color: red;">借问酒家何处有，牧童遥指杏花村</p>`
	`<p style="border-style: inset; border-width: 10px; border-color: aqua;">借问酒家何处有，牧童遥指杏花村</p>`
	`<p style="border-style: outset; border-width: 10px; border-color: aqua;">借问酒家何处有，牧童遥指杏花村</p>`
	`</body>`
	`</html>`	

（续表2）

步骤	操作及效果	说明
4. 程序 运行	小组互评，展示部分学生作品	任务结果展示
5. 师生 交互	请通过实验，熟练操作 border、padding 和 margin 的样式设置	回答问题 提出问题

四、任务完成评价表

班级		学号		学生姓名		
内容				评价		
能力目标		评价项目		5	3	2
知识能力	网页设计	margin、padding 的设置				
		border 设置				
素质能力	欣赏能力					
	独立构思能力					
	发现问题、解决问题的能力					
	自主学习的能力					
	组织能力					
	小组协作能力					

☞ 知识拓展

　　padding 按照一定的顺序进行值复制，这里以 padding：10px 为例进行说明。

　　padding：10px 只定义了上内边距，按顺序右内边距将复制上内边距，变成如下形式：

　　padding：10px 10px；

padding：10px 10px；只定义了上内边距和右内边距，按顺序下内边距将复制上内边距，变成如下形式：

padding：10px　10px　10px；

padding：10px　10px　10px 只定义了上内边距、右内边距和下内边距，按顺序左内边距将复制右内边距，变成如下形式：

padding：10px 10px 10px 10px；

根据这个规则，我们可以省略相同的值。

padding：10px 5px 9px 5px 可以简写成 padding：10px 5px 9px

padding：10px 5px 10px 5px 可以简写成 padding：10px 5px

但 padding：10px 5px 5px 9px 和 padding：10px 10px 10px 5px（10px 10px 5px 10px）虽然出现了值重复，但没有办法简写。

职业能力 3.3.2　定位方式

◈核心概念

CSS 对元素的定位方式包括相对定位和绝对定位，同时还可以把相对定位和绝对定位结合起来，形成混合定位。CSS 定位主要用于设置目标组件的位置，如是否漂浮在页面之上。

◈学习目标

1. 了解定位机制与分类。

2. 掌握固定定位（fixed）、相对定位（relative）、绝对定位（absolute）和黏性定位（sticky）的应用。

基本知识

一、确定定位方式

通过设置 position 属性，决定定位方式。

1. 静态定位

默认值，没有定位，元素将出现在正常的位置，这种方式将会忽略 top、right、bottom、left、z-index 属性。

2. 相对定位

生成相对定位的元素，相对于其正常位置进行定位，但不会脱离文档流。

3. 绝对定位

生成绝对定位的元素，将对象从文档流中拖出，在通过 width、height、left、right、top、bottom 等属性与利用 margin、padding、border 进行绝对定位时，绝对定位的元素可以有边界，但这些边界不压缩。

4. 黏性定位

生成黏性定位的元素，此时相对于最近的可以滚动的父元素定位。黏性定位可以被认为是相对定位和固定定位的混合——当元素在跨越特定阈值前为相对定位，跨越之后为固定定位。

二、定位位置和 z-index

1. 定位位置

定位位置主要依靠 top、right、bottom、left 4 个属性控制。

top：用于设置定位元素相对对象的顶边偏移的距离，正数向下偏移、负数向上偏移。

right：用于设置定位元素相对对象的右侧偏移的距离，正数向左偏移，负数向右偏移。

bottom：用于设置定位元素相对对象的底边偏移的距离，正数向上偏移，负数向下偏移。

left：用于设置定位元素相对对象的左侧偏移的距离，正数向右偏移，负数向左偏移。

值得注意的是，如果水平方式同时设置了 left 和 right，则以 left 属性值为准。同样，如果垂直方向同时设置了 top 和 bottom，则以 top 属性值为准。

2. z-index

z-index 用于设置目标对象的定位层序，数值越大，所在的层级越高，即覆盖在其他层级之上，该属性仅在 position：absolute 时有效。其默认值是 auto，堆叠顺序与父元素相同。这里的层叠顺序也可以说是对象的"上下顺序"。

3. 设置黏性定位

设置黏性定位需要设置 position：sticky。此时相对于最近的可以滚动的父元素定位。黏性定位可以被认为是相对定位和固定定位的混合，元素在跨越特定阈值前为相对定位，之后为固定定位。

活动设计

一、活动条件

练习素材文件夹 3.3.2。

二、活动组织

1. 每组三人，每人选择完成一种定位方式设置。
2. 学员间互相点评。
3. 每组每位学员轮换操作。
4. 教师重申操作步骤与代码规范，要求学员举一反三。

三、活动实施

步骤	操作及效果	说明

1. 定位	```html
	<! DOCTYPE HTML>
	<html>
	  <head>
	    <meta http-equiv="content-type" content="text/html; charset=utf-8">
	    <title>CSS 定位</title>
	  </head>
	  <body>
	    <span>蓝色的 div 位于正常文档流中, 红色的 div 脱离了文档流</span>
	    <div style="width: 100px; height: 100px; border: 3px solid blue;">
	    </div>
	    <div style="width: 100px; height: 100px; border: 3px solid red; position: absolute; top: 50px; left: 50px;">
	    </div>
	    <span>这里应该会被红色 div 覆盖的</span>
	    <hr />
	    <span>绿色 div 和粉色 div 都设置成绝对定位 div, 但粉色 div 的父元素是绿色 div, 所以粉色 div 计算相对位置是根据绿色 div 的原点计算的</span>
	    <div style="width: 200px; height: 200px; border: 3px solid green; position: absolute; top: 200px; left: 100px;">
	      <div style="width: 100px; height: 100px; border: 3px solid pink; position: absolute; top: 30px; left: 30px;">
	      </div>
	    </div>
	  </body>
	</html>
	``
	
	Web浏览器 ✕
	⚙ ▾ 🔲 ← → ▣ C http://127.0.0.1:8020/part1/02.CSS%e5%9f%ba%e
		红色 div 均为正常文档流, 蓝色 div 设置成相对定位元素, 相对于自身原来的位置进行了调整, 但蓝色 div 并没有脱离正常的文档流, 所以红色 div 不会发生位置变化

（续表）

步骤	操作及效果	说明

2. z-index	```html
	<! DOCTYPE HTML>
	<html>
	  <head>
	    <meta http-equiv="content-type" content="text/html; charset=utf-8">
	      <title>CSS 定位</title>
	  </head>
	  <body>
	    <div style="background-color: yellow; width: 100px; height: 100px;">
	      </div>
	     < div style = " background - color: red; width: 100px; height: 100px; position: absolute; top: 50px; left: 50px;">
	       </div>
	        <div style="background-color: green; width: 100px; height: 100px; position: absolute; top: 100px; left: 100px; z-index: 1;">
	        </div>
	        <div style="background-color: pink; width: 100px; height: 100px; position: absolute; top: 150px; left: 150px;">
	        </div>
	  </body>
	</html>
	``
	
	Web浏览器 ×
	`http://127.0.0.1:8020/part1/02.CSS%e5%9f%ba%e7%a1%`	

3. 程序 编制	根据所学知识，熟练操作定位和 z-index，练习各种样式布局	自主编写程序
4. 程序 运行	小组互评，展示部分学生作品	任务结果展示
5. 师生 交互	请通过实验，总结各种网页布局的技巧	回答问题 提出问题

四、任务完成评价表

班级		学号		学生姓名		
内容				评价		
能力目标		评价项目		5	3	2
知识能力	网页设计	定位方式				
素质 能力	欣赏能力					
	独立构思能力					
	发现问题、解决问题的能力					
	自主学习的能力					
	组织能力					
	小组协作能力					

职业能力 3.3.3 弹性盒子布局

❖核心概念

弹性盒子布局模型(flexible box layout)可以很方便地实现对一个容器中的子元素进行排列、对齐和剩余空间分配。弹性盒子可以将子元素按行水平布局或者按列垂直布局。

❖学习目标

1. 了解弹性盒子相关内容。
2. 了解弹性盒子及元素的样式。
3. 掌握弹性盒子布局的方式。

👉 基本知识

一、弹性容器样式

弹性盒子由弹性容器(flex container)和弹性元素(flex item)组成。弹性容器内包含一个或多个弹性元素。

1. display 属性

可通过设置 display 属性的值为 flex 进而将某个元素定义为弹性容器,例如:

```
.flex-container{
    display: flex;
}
```

2. flex-direction 属性

通过设置 flex-direction 属性可以设定弹性盒子内元素的排列方向,取值如下:

①flex-direction：row｜row-reverse，按行正向、反向排列。主轴为水平，辅轴为垂直。

②flex-direction：column｜column-reverse，按列正向、反向排列。主轴为垂直，辅轴为水平。

3. flex-wrap 属性

flex-wrap 属性用于设置弹性元素是否可以根据容器宽度拆行，默认不拆行，取值如下。

flex-wrap：nowrap｜wrap｜wrap-reverse；

4. flex-flow 属性

flex-flow 属性是 flex-direction 属性和 flex-wrap 属性的统一简写形式，格式如下：

flex-flow：flex-direction 属性 flex-wrap 属性；

5. justfiy-content 属性

just-content 属性用于设置弹性元素在弹性容器主轴上的对齐方式，取值如下：

just-content：flex-start ｜ center ｜ flex-end，分别表示子元素从主轴起始位置、居中、结束位置显示。

just-content：space-between ｜ space-around，用于设置弹性容器剩余空白空间的分配方式。取值 space-between 表示在子元素中间平均分配，取值 space-around 表示在子元素两侧平均分配。

6. align-items 属性

align-items 属性用于设置弹性子元素在辅轴上的对齐方式，取值如下：

align-items：flex-start ｜ center ｜ flex-end ｜ stretch ；

7. align-content 属性

align-content 属性用于设置多根轴线的所有元素在容器中的整体对齐方式。如果元素只有一根轴线，也就是只有一行或一列，该属性不起作用。该属性通常用于折行后多行显示的情况，其取值如下。

align-content：flex-start｜flex-end｜center｜space-between｜space-around｜ stretch ；

二、弹性元素样式

1. flex-grow 属性

flex-grow 属性用于设置弹性元素被拉大的比例，当弹性盒容器有剩余空间时则按比例分配。

①默认值为 0：表示该元素不占用剩余空间。

②取值为 n：表示该元素占用剩余空间若干份中的 n 份。

2. flex-shrink 属性

flex-shrink 属性用于设置弹性元素被压缩的比例，当弹性容器空间不足时，元素按设定比例缩小。

①flex-shrink 属性默认值为 1，表示弹性元素默认等比例压缩。

②flex-shrink 属性设定为 0 时，表示不压缩。

3. flex-basis 属性

flex-basis 属性用于设置元素在主轴上的初始尺寸，即元素放入容器前的默认大小，可能被压缩，放入容器后，根据元素是否需拉伸或压缩计算实际长度。其优先级高于 width 属性。

4. flex 属性

flex 属性是 flex-grow、flex-shrink、flex-basis 属性的简写形式，格式如下：

flex：flex-grow 属性 flex-shrink 属性 flex-basis 属性；

默认值为 0 1 auto。

5. order 属性

order 属性按照数值大小，规定子元素在弹性容器中的排列顺序，数字越小排名越靠前，默认值为 0。

6. align-self 属性

align-self：auto ｜ flex-start ｜ flex-end ｜ center ｜ baseline ｜ stretch；

活动设计

一、活动条件

练习素材文件夹 3.3.3。

二、活动组织

1. 每组三人，每人选择完成一种弹性盒子布局设置。
2. 学员间互相点评。
3. 每组每位学员轮换操作。
4. 教师重申操作步骤与代码规范，要求学员举一反三。

三、活动实施

步骤	操作及效果	说明

1. 弹性容器样式行布局	<pre><code><! DOCTYPE HTML>
	<html>
	  <head>
	    <meta http-equiv="content-type" content="text/html;
	charset=utf-8">
	    <title>弹性盒子布局</title>
	    <style>
	        .flex-container{
	            display: flex;
	            flex-direction: row;
	            width: 500px;
	            height: 200px;
	            Border: 1px dashed;
	}
	        .flex-item{</code></pre>
		列布局为
		flex-direction: column;

（续表1）

步骤	操作及效果	说明

	``
	        width: 100px;
	        Height: 100px;
	        border: 1px solid;
	        font-size: 20px;
	    }
	    </style>
	    </head>
	    <body>
	      <div class="flex-container">
	         <div class="flex-item">1</div>
	         <div class="flex-item">2</div>
	         <div class="flex-item">3</div>
	      </div>
	    </body>
	</html>
	``
	
	❤ 弹性盒子布局 × +
	← → C ① 127.0.0.1:8020/Text/弹性盒子.html?__hbt=16705736875
	❤ 风变编程 ❤ 辽宁省大学生智慧... ❤ Web design 辽宁干部在线学习...
	
	| 1 | 2 | 3 |	

2. 弹性
元素
样式
	``
	<! DOCTYPE HTML>
	<html>
	  <head>
	    <meta http-equiv="content-type" content="text/html;
	charset=utf-8">
	    <title>弹性元素布局</title>
	    <style>
	     .flex-container{
	        display: flex;
	        width: 500px;
	        height: 200px;
	        flex-direction: row;
	        align-items: stretch;
	        border: 1px dashed red;
	      }
	     .flex-item{
	        border: 1px solid red;
	        font-size: 20px;
	      }
	``
		生成弹性盒子，包含三个
		弹性元素，按行排列，三
		个元素按照 1：1：2 分配
		父元素剩余空间。

（续表2）

步骤	操作及效果	说明
| | ```
        div: nth-child(1){
          flex-grow: 1;
        }
        div: nth-child(2){
          flex-grow: 1;
        }
        div: nth-child(3){
            flex-grow: 2;
        }
      </style>
  </head>
  <body>
  <div class="flex-container">
    <div class="flex-item">1</div>
    <div class="flex-item">2</div>
    <div class="flex-item">3</div>
  </div>
  </body>
</html>
``` | |
| | 弹性元素布局　　　　×　＋
←　→　C　①　127.0.0.1:8020/Text/弹性元素样式.html?__hbt=167065
风变编程　辽宁省大学生智慧...　Web design　辽宁干部在线学习...

┌─────┬─────┬─────────┐
│ 1　 │ 2　 │ 3　　　　 │
│　　 │　　 │　　　　　 │
└─────┴─────┴─────────┘ | |
| 3. 自适应<br>布局 | ```
<! DOCTYPE html>
<html>
<head>
    <meta charset="UTF-8">
    <title>自适应布局</title>
    <style type="text/css">
      body{
        margin: 0;
      }
      header{
        background: blue;
        height: 100px;
      }
      h1{
        text-align: center;
``` | 由于定义了折行，弹性元素在盒子宽度不够时自动折行，完成自适应布局 |

（续表3）

步骤	操作及效果	说明

```
      color: white;
      line-height: 100px;
      margin: 0;
    }
    main{
      display: flex;
      flex-flow: row wrap;
    }
    article{
      flex: 1 1 300px;
      padding: 10px;
      margin: 10px;
        background: aliceblue;
      }
    </style>
  </head>
  <body>
    <div id="container">
      <header>
        <h1>Web 前端开发</h1>
      </header>
      <main>
        <article>
          <h2>HTML</h2>
          <p>HTML 称为超文本标记语言，是一种标识性的语言。它包
括一系列标签．通过这些标签可以将网络上的文档格式统一，使分散的
Internet 资源连接为一个逻辑整体。HTML 文本是由 HTML 命令组成的
描述性文本，HTML 命令可以说明文字，图形、动画、声音、表格、链接
等。</p>
        </article>
        <article>
          <h2>CSS</h2>
          <p>层叠样式表(英文全称：Cascading Style Sheets)是一
种用来表现 HTML(标准通用标记语言的一个应用)或 XML(标准通用标记
语言的一个子集)等文件样式的计算机语言。CSS 不仅可以静态地修饰网
页，还可以配合各种脚本语言动态地对网页各元素进行格式化。</p>
        </article>
        <article>
        <h2>JavaScript</h2>
          <p>JavaScript(简称"JS")是一种具有函数优先的轻量级，
解释型或即时编译型的编程语言。虽然它是作为开发 Web 页面的脚本语
言而出名的，但是它也被用到了很多非浏览器环境中，JavaScript 基于
原型编程、多范式的动态脚本语言，并且支持面向对象、命令式和声明式
(如函数式编程)风格。</p>
```

（续表4）

步骤	操作及效果	说明
	``` </article> </main> </div> </body> </html>``` 	
4. 程序编制	根据所学知识，熟练操作弹性布局	自主编写程序
5. 程序运行	小组互评，展示部分学生作品	任务结果展示
6. 师生交互	请通过实验，总结弹性盒子布局的技巧	回答问题 提出问题

四、任务完成评价表

班级		学号		学生姓名		
内容				评价		
能力目标	评价项目			5	3	2
知识能力	网页设计	弹性盒子布局				
素质能力	欣赏能力					
	独立构思能力					
	发现问题、解决问题的能力					
	自主学习的能力					
	组织能力					
	小组协作能力					

职业能力 3.3.4　响应式布局

❖**核心概念**

　　运用媒体查询可以实现响应式布局，使页面在不同终端设备下应用不同的样式，所以媒体查询对响应式布局非常重要。响应式布局中应该尽可能采取相对长度单位。响应式布局可以设置 PC 端优先或者移动端优先，随着移动端越来越重要，更倾向于移动端优先原则，再渐进增强，逐渐增加 PC 端功能。

❖**学习目标**

　　1. 了解响应式布局中的媒体类型及特征。
　　2. 学习媒体查询方法，通过判断终端设备的特行进行不同的样式和布局的设计。

🖐基本知识

一、媒体类型

　　媒体类型是指设备类型，常用的有以下几种。
　　①all：所有类型的设备。
　　②screen：PC 机、平板电脑、智能手机等。
　　③print：打印机和打印预览。

二、媒体特征

　　媒体特征就是设备宽高、横屏或竖屏、屏幕分辨率等的相关特征。媒体特征涉及的一个重要概念是视口，视口是与设备相关的一个矩形区域，可以采用相对单位描述其尺寸，并规定其最大或最小宽度。

　　1. 视口

　　视口（viewport）分为两类：一类是设备视口，一类是布局视口。设备视口的宽度 device-width 是设备本身的宽度，而布局视口的宽度 width 是页面的宽度。可以应用 meta 元素对响应式布局视口做出规定。

　　①width=device-width 表示布局视口宽度要与设备视口宽度缩放到一致。
　　②initial-scale=1 表示页面最初加载时的缩放比列。
　　③initial-scale 和 width 可以只设置其中一个，另一个会被推算出来。
　　表 3-10 所示为视口宽度。

表 3-10　视口宽度

设备屏幕	尺寸/px
超小屏（extra small）	<768

表 3-10（续）

设备屏幕	尺寸/px
小屏（small）	≥768
中等（medium）	≥992
大屏（large）	≥1 200

2. vw、vh、vmin、vmax 相对单位

①vw（viewport width）：1vw 等于视口宽度的 1%。

②vh（viewport height）：1vh 等于视口高度的 1%。

③vmax：视口宽度或高度中较小值的 1%。

④vmin：视口宽度或高度中较大值的 1%。

3. max-width、min-width 属性

①max-width：是指视口的最大宽度，当视口宽度小于或等于指定宽度时，样式生效。

②min-width：是指视口的最小宽度，当视口宽度大于或等于指定宽度时，样式生效。

三、复杂媒体查询

1. and 运算符

使用 and 运算符可以连接多个媒体特征，表示同时满足若干条件时样式生效。

2. not 运算符

not 运算符用于对一条媒体查询的结果进行取反，注意 not 用于否定整个查询，而不能单独应用于一个独立查询。

3. 逗号

逗号分隔多个媒体查询条件时，相当于 or，表示满足其中任意一个条件都会应用对应的样式。

四、link 方式添加媒体查询方式

使用 link 标签的 media 属性可以完成特定样式的呈现。

活动设计

一、活动条件

练习素材文件夹 3.3.4。

二、活动组织

1. 每组三人，每人选择完成一种响应式布局设置。

2. 学员间互相点评。

3. 每组每位学员轮换操作。

4. 教师重申操作步骤与代码规范，要求学员举一反三。

三、活动实施

步骤	操作及效果	说明

1. 综合
实例
	<pre><code><! DOCTYPE HTML>
	<html>
	  <head>
	    <meta charset="utf-8">
	    <title>响应式布局 flexbox</title>
	    <style>
	      * {
	        margin: 0;
	        padding: 0;
	        }
	      .flex-container{
	        max-width: 1300px;
	        padding: 20px;
	        margin: 20px;
	        display: flex;
	        }
	      main{
	        border: 1px solid red;
	        flex: 3;
	        order: 2;
	        }
	      .side1{
	        border: 1px solid red;
	        flex: 1;
	        order: 1;
	        }
	      .side2{
	        border: 1px solid red;
	        flex: 1;
	        order: 3;
	        }
	      article{
	        box-sizing: border-box;
	        flex-basis: 30% ;
	        padding: 20px;
	        background-color: #ccc;
	      border: 2px solid #eee;
	        }
	      @ media(min-width: 900px){
	        main{
	      display: flex;
	        justify-content: space-around;
	          }</code></pre>
		本表内图 1 为当宽度大于或等于 900px 时的布局，图 2 为当宽度小于 900px 的布局

<center>（续表1）</center>

步骤	操作及效果	说明
| | ```html
        }
    </style>
</head>
<body>
    <div class="flex-container">
        <main>
            <article>
                <h2>HTML</h2>
                <p>HTML 称为超文本标记语言，是一种标识性的语言。
它包括一系列标签．通过这些标签可以将网络上的文档格式统一，使分散
的 Internet 资源连接为一个逻辑整体。HTML 文本是由 HTML 命令组成
的描述性文本，HTML 命令可以说明文字，图形、动画、声音、表格、链
接等。</p>
            </article>
            <article>
                <h2>CSS</h2>
                <p>层叠样式表(英文全称：Cascading Style Sheets)是一种
用来表现 HTML(标准通用标记语言的一个应用)或 XML(标准通用标记语
言的一个子集)等文件样式的计算机语言。CSS 不仅可以静态地修饰网页，
还可以配合各种脚本语言动态地对网页各元素进行格式化。</p>
            </article>
            <article>
                <h2>JavaScript</h2>
                <p>JavaScript(简称"JS")是一种具有函数优先的轻量级，
解释型或即时编译型的编程语言。虽然它是作为开发 Web 页面的脚本语
言而出名的，但是它也被用到了很多非浏览器环境中，JavaScript 基于
原型编程、多范式的动态脚本语言，并且支持面向对象、命令式和声明式
(如函数式编程)风格。</p>
            </article>
        </main>
        <aside class="side1">
            <h2>相关内容</h2>
            <p>前端框架、前端常见问题</p>
        </aside>
        <aside class="side2">
            <h2>后端开发</h2>
            <p>后端时为了处理数据</p>
        </aside>
    </div>
</body>
</html>
``` | |
```

（续表2）

步骤	操作及效果	说明
	 图 1 图 2	
2. 程序 编制	根据所学知识，熟练操作响应式布局	自主编写程序
3. 程序 运行	小组互评，展示部分学生作品	任务结果展示
4. 师生 交互	请通过实验，总结响应式布局的技巧	回答问题 提出问题

四、任务完成评价表

班级		学号		学生姓名		
		内容			评价	
能力目标		评价项目		5	3	2
知识能力	网页设计	响应式布局				
素质 能力	欣赏能力					
	独立构思能力					
	发现问题、解决问题的能力					
	自主学习的能力					
	组织能力					
	小组协作能力					

任务 3.4　CSS3

职业能力 3.4.1　边框和阴影

◈核心概念

前面的任务大部分是 CSS 标准，本节任务将介绍 CSS 新增加的属性和规则。CSS3 会让网页更美观，利用 CSS3 可以实现很多只有运用图像处理软件、Flash 和 JavaScript 才能完成的效果。

◈学习目标

1. 掌握 CSS3 属性圆角边框设置。
2. 掌握 CSS3 属性阴影设置。

基本知识

一、圆角边框

border-radius 属性用于添加元素的圆角边框，格式如下：

border-radius：水平方向取值 垂直方向取值；

①这两个值共同决定圆角的形状，如果两个值相同，则可以合并成一个。

②border-radius 属性可以分为 4 个方向的子属性，共需要 8 个参数，前 4 个分别表示左上、右上、右下、左下的水平半径值，用空格隔开，后 4 个分别是左上、右上、右下、左下的垂直半径值，前后 4 个值用斜杠分隔。

二、阴影

box-shadow 用于添加元素的阴影，格式如下：

box-shadow：inset | outset 水平偏移 垂直偏移 模糊半径 颜色；

①inset | outset：outset 为默认值，表示外部阴影；inset 可选，表示内部阴影。

②模糊半径决定了阴影沿偏移边界每侧的模糊范围，值越大，模糊的范围越大，这个变量可以不写，是可选的。

③box-shadow 取值可以为多个，即添加多重效果，以逗号隔开即可。

活动设计

一、活动条件

练习素材文件夹 3.4.1。

二、活动组织

1. 每组三人，每人都对元素添加圆角边框和阴影。
2. 学员间互相点评。
3. 每组每位学员轮换操作。
4. 教师重申操作步骤与代码规范，要求学员举一反三。

三、活动实施

步骤	操作及效果	说明

1. 圆角边框	```
	<! DOCTYPE html>
	<html>
	  <head>
	    <meta charset="UTF-8">
	    <title>CSS 圆角边框</title>
	    <style>
	      div{
	        border: 10px solid ;
	        width: 100px;
	        height: 100px;
	        margin: 5px;
	      }
	    </style>
	  </head>
	  <body>
	    <div style="border-top-left-radius: 10px; border-bottom-left-radius: 50% 20px;">
	    </div>
	    <div style="border-radius: 2em 1em 4em/0.5em 3em;">
	</div>
	    <div style="border-radius: 1em 10em/1em 10em;"></div>
	  </body>
	</html>
	``
		border-radius 的值是通过对角线式复制的，如果省略了右上角，则 4 个角全部和左上角相同

（续表）

步骤	操作及效果	说明

2. 阴影	```html
	<! DOCTYPE html>
	<html>
	  <head>
	    <meta charset="UTF-8">
	    <title>CSS 阴影</title>
	    <style type="text/css">
	      div{
	        border: 1px solid;
	        width: 100px;
	        height: 100px;
	        margin: 20px;
	        float: left;
	       }
	    </style>
	  </head>
	  <body>
	    <div style="box-shadow: 10px 10px;"></div>
	    <div style="box-shadow: 10px 10px 20px;"></div>
	    <div style="box-shadow: 10px 10px 20px 5px;"></div>
	    <div style="box-shadow: 10px 10px 20px 5px red;"></div>
	    <div style="box-shadow: 10px 10px 20px 5px red inset;"></div>
	    <br style="clear: both;"/>
	    <div style="border-radius: 10px 10px /10px 10px ; box-shadow: 10px 10px;"></div>
	    <div style="border-radius: 50px 50px /50px 50px ; box-shadow: 100px 0px 5px red , 200px 0px 10px yellow , 300px 0px 15px green;"></div>
	  </body>
	</html>
	``
	
	![CSS阴影窗口截图，展示多种盒子阴影和圆角边框效果的 div 元素]
		box-shadow 取值可以为多个，即添加多重效果，以逗号隔开即可

3. 程序编制	根据所学知识，设置元素的圆角边框和阴影	自主编写程序
4. 程序运行	小组互评，展示部分学生作品	任务结果展示
5. 师生交互	请通过实验，总结三种样式表的优先规则	回答问题 提出问题

五、任务完成评价表

班级		学号		学生姓名		
内容				评价		
能力目标		评价项目		5	3	2
知识能力	网页设计	圆角边框				
		阴影				
素质能力	欣赏能力					
	独立构思能力					
	发现问题、解决问题的能力					
	自主学习的能力					
	组织能力					
	小组协作能力					

职业能力 3.4.2 2D 和 3D 变换

◈核心概念

CSS3 在原来的基础上增加了变换相关属性的功能，通过改变这些属性，以前需要用 JavaScript 才能实现的功能，现在可以很轻松地实现。

◈学习目标

1. 掌握 CSS3 2D 变换设置。
2. 掌握 CSS3 3D 变换的缩放、移动、旋转、倾斜、透视等效果。

☞基本知识

一、2D 变换

2D 变换通过 transform 属性对元素进行移动（translate）、旋转（rotate）、缩放（scale）、倾斜（skew），见表 3-11。

表 3-11 transform 属性说明

transform 属性方法	说明
translate(x, y)	移动：沿 X 和 Y 轴
translateX(n)	移动：沿 X 轴
translateY(n)	移动：沿 Y 轴
rotate(angle)	旋转：单位是 deg（角度），正数为顺时针，负数为逆时针
scale(x, y)	缩放：改变元素的宽度和高度，<1 为缩小，>1 为放大

表 3-11（续）

transform 属性方法	说明
scaleX（n）	缩放：改变元素的宽度
scaleY（n）	缩放：改变元素的高度
skew（x-angle，y-angle）	倾斜：沿 X 轴和 Y 轴，单位是 deg（角度），一个值表示 Y 轴不倾斜
skewX（angle）	倾斜：沿 X 轴倾斜，与 Y 轴夹角为 angele
skewY（angle）	倾斜：沿 Y 轴倾斜，与 X 轴夹角为 angele

二、3D 变换

1. 概述

2D 变换能够改变元素 X 轴和 Y 轴方向特性，3D 变换能改变 Z 轴方向特性，并可以通过视角设置透视关系，使元素具有透视效果。表 3-12 所示为 3D 变换常用属性。

表 3-12　3D 变换常用属性

属性	说明
transform	用于设置元素变形，可以设置一个或者多个变形函数
transform-origin	表示元素旋转的中心点，默认值是 50% 50% 第一个值表示元素旋转中心点的水平位置，第二个值表示旋转中心点的垂直位置 可以取值 px,%，left | right | top | bottom | center 等
transform-style	用于设置嵌套的子元素在 3D 空间中显示的效果。它可以设置两个属性值，即 flat 和 preserve-3d
perspective	设置成透视效果，透视效果为近大远小
perspective-origin	设置 3D 元素所基于的 x 轴和 y 轴，改变 3D 元素的底部位置，该属性取值与 transform-origin 相同
backface-visibility	用于设置当元素背面面向屏幕时是否可见，通常用于设置不希望用户看到旋转元素的背面。

3D 变换 transform 属性常用方法如表 3-13 所示。

表 3-13　3D 变换 transform 属性的常用方法

旋转	移动	缩放
rotate3d（x，y，angle）	translate3d（x，y，z）	scale3d（x，y，z）
rotateX（angle）	translateX（x）	scale（x）
rotateY（angle）	translateY（y）	scale（y）
rotateZ（angle）	translateZ（z）	scale（z）

2. 3D 变换结构

3D 变换中，通常由一个舞台包含多个变换元素，每个元素被包裹在父容器中做各种变换。

活动设计

一、活动条件

练习素材文件夹 3.4.1。

二、活动组织

1. 每组三人，每人都对元素进行 2D 及 3D 变换操作。
2. 学员间互相点评。
3. 每组每位学员轮换操作。
4. 教师重申操作步骤与代码规范，要求学员举一反三。

三、活动实施

步骤	操作及效果	说明

1. 2D 变换	```html
	<! DOCTYPE html>
	<html>
	  <head>
	    <meta charset="UTF-8">
	    <title>CSS 变形</title>
	    <style>
	      div{
	        height: 50px;
	        width: 120px;
	        margin-left: 20px;
	        margin-top: 20px;
	        border: 1px solid;
	        background: red;
	      }
	    </style>
	  </head>
	  <body>
	    <div
	    style="transform: skew(37deg, 37deg); float: left;">
	    </div>
	    <div style="transform:
	        matrix(1, 0.75, 0.75, 1, 0, 0); float: left;">
	    </div>
	    <br style="clear: both;"/>
	    <div style="transform: skew(37deg, 37deg) scale(0.5, 0.5); float: left;">
	    </div>
	    <div style="transform:
	      matrix(0.5, 0.375, 0.375, 0.5, 0, 0); float: left;">
	``
		transform 属性的取值为多个时，可以空格隔开

(续表1)

步骤	操作及效果	说明
| | ```html
</div>
<br style="clear: both;"/>
<div style="transform:
  rotate(30deg); float: left;">
</div>
<div style="transform:
    matrix ( 0.861, 0.5, - 0.5, 0.861, 0, 0 ); float:
left;">
</div>
</body>
</html>
```<br><br>![CSS圆角边框 127.0.0.1:8020/CSS3/圆角边框.html] | |
| 2. 3D 变换 | ```html
<! DOCTYPE html>
<html>
  <head>
    <meta charset="UTF-8">
    <title>CSS3D 变形</title>
    <style type="text/css">
      .div1{
        position: relative;
        width: 250px;
        height: 250px;
        margin: 10px;
        border: 1px solid black;
      }
      .div2{
        padding: 50px;
        position: absolute;
        border: 1px solid black;
        background-color: red;
      }
``` | 用于设置嵌套的子元素在 3D 空间中显示的效果。它可以设置两个属性值,即 flat 和 preservr-3d |

（续表2）

步骤	操作及效果	说明
| | ```css
.div3{
    padding: 40px;
    position: absolute;
    border: 1px solid black;
    background-color: yellow;
  }
</style>
</head>
<body>
  <div class="div1">
    <div class="div2">RED
      <div class="div3">YELLOW</div>
    </div>
  </div>
  <div class="div1" style="float: left;">
    < div  class = " div2 "  style = " transform: rotateX
(30deg);">RED
      <div class="div3">YELLOW</div>
    </div>
    <p style="position: absolute; bottom: 0;">红色方块沿
着 x 轴旋转 30 度, 子元素黄色方块也跟着旋转 30 度</p>
  </div>
  <div class="div1" style="float: left;">
    < div  class = " div2 "  style = " transform: rotateX
(30deg);">RED
        < div  class = " div3 "  style = " transform: rotateY
(30deg);">YELLOW</div>
    </div>
    <p style="position: absolute; bottom: 0;">红色方块保
持不变, 子元素黄色方块沿着 y 轴旋转 30 度</p>
  </div>
  <div class="div1" style="float: left;">
    <div class="div2" style="transform: rotateX(30deg);
transform-style: preserve-3d;">RED
        < div  class = " div3 "  style = " transform: rotateY
(30deg);">YELLOW</div>
    </div>
    <p style="position: absolute; bottom: 0;">使用 trans-
form-style: preserve-3d, 使子元素保留它的 3D 位置</p>
  </div>
</body>
</html>
``` | |
```

(续表3)

步骤	操作及效果	说明
	红色方块沿着x轴旋转30度，子元素黄色方块也跟着旋转30度　　红色方块保持不变，子元素黄色方块沿着y轴旋转30度　　使用transform-style: preserve-3d，使子元素保留它的3D位置	
3. 程序编制	根据所学知识，对于 2D 和 3D 变换设置熟练掌握	自主编写程序
4. 程序运行	小组互评，展示部分学生作品	任务结果展示
5. 师生交互	请通过实验，总结 2D 和 3D 的变换设置	回答问题 提出问题

六、任务完成评价表

班级		学号		学生姓名		
内容				评价		
能力目标	评价项目			5	3	2
知识能力	网页设计	2D 变换				
		3D 变换				
素质能力	欣赏能力					
	独立构思能力					
	发现问题、解决问题的能力					
	自主学习的能力					
	组织能力					
	小组协作能力					

职业能力 3.4.3　过渡和动画

◈核心概念

　　CSS3 增加了一些过渡属性，可以使元素在规定时间内，从一种样式逐渐改变为另一种样式。CSS3 支持动画创建，可以代替动画图片、Flash 以及 JavaScript 动态效果。

◈学习目标

1. 掌握 CSS3 过渡元素的设置方法。
2. 掌握动画设置的方法步骤。

☞ 基本知识

一、过渡

常见的过渡属性如表 3-14 所示。

表 3-14　常见过渡属性

属性	说明
transition	简写属性
transition-property	哪些 CSS 属性产生变化，多个属性用逗号隔开，所有属性用 all 表示
transition-duration	时长
transition-delay	过渡效果何时开始
transition-timing-function	过渡效果的时间曲线

二、动画

动画设计分为两个步骤：
①使用@ keyframe 规则对动画命名，并定义动画的关键帧。
②使用 animation 属性调用动画(表 3-15)。

表 3-15　animation 属性

属性	说明
animation	所有动画属性的简写属性
animation-name	动画的名称
animation-duration	动画播放的时长
animation-timing-function	动画的播放速度曲线
animation-delay	动画何时开始
animation-iteration-count	规定动画被播放的次数，默认是 1

活动设计

一、活动条件

练习素材文件夹 3.4.2。

二、活动组织

1. 每组三人，每人都对元素进行增加过渡属性及创建动画操作。
2. 学员间互相点评。
3. 每组每位学员轮换操作。
4. 教师重申操作步骤与代码规范，要求学员举一反三。

三、活动实施

步骤	操作及效果	说明

1. 2D 变换	```html
	<! DOCTYPE html>
	<html>
	  <head>
	    <meta charset="UTF-8">
	    <title>CSS 变形</title>
	    <style>
	      div{
	        height: 50px;
	        width: 120px;
	        margin-left: 20px;
	        margin-top: 20px;
	        border: 1px solid;
	        background: red;
	      }
	    </style>
	  </head>
	  <body>
	    <div style = " transform: skew (37deg, 37deg); float: left;">
	    </div>
	    <div style ="transform: matrix(1, 0.75, 0.75, 1, 0, 0); float: left;">
	    </div>
	    <br style="clear: both;"/>
	    <div style=" transform: skew(37deg, 37deg) scale(0.5, 0.5); float: left;">
	    </div>
	``
		在实际开发中，过渡效果的实现因为浏览器的兼容性，需要加上 -moz-、-webkit-、-o-等前缀

（续表1）

步骤	操作及效果	说明
| | ```html
<div style="transform: matrix(0.5, 0.375, 0.375, 0.5,
0, 0); float: left;">
  </div>
  <br style="clear: both;"/>
  <div style="transform: rotate(30deg); float: left;">
  </div>
  <div style="transform: matrix(0.861, 0.5, -0.5, 0.861,
0, 0); float: left;">
  </div>
  </body>
</html><! DOCTYPE html>
<html>
  <head>
    <meta charset="UTF-8">
    <title>CSS 过渡</title>
    <style>
      div{
        width: 100px;
        height: 100px;
        background: blue;
      }
      div: hover{
        width: 300px;
      }
    </style>
  </head>
  <body>
    < div style = " transition - delay: 10ms; transition -
duration: 5s; transition-timing-function: linear;
      - moz - transition - delay: 10ms; - moz - transition -
duration: 5s; -moz-transition-timing-function: linear;
      -webkit-transition-delay: 10ms; -webkit-transition-
duration: 5s; -webkit-transition-timing-function: linear;
      -o-transition-delay: 10ms ; -o-transition-duration:
5s; -o-transition-timing-function: linear;"></div>
    <div style="background-color: red;
      transition: width 2s;
      -moz-transition: width 2s;
      -webkit-transition: width 2s;
      -o-transition: width 2s;"></div>
  </body>
</html>
``` | |
```

（续表2）

步骤	操作及效果	说明
	CSS过渡　×　＋ ← → C ⓘ 127.0.0.1:8020/CSS3/过渡.htm 风变编程　辽宁省大学生智慧...　Web design ← → C ⓘ 127.0.0.1:8020/CSS3/过渡.html?__hbt=1670830 风变编程　辽宁省大学生智慧...　Web design　辽宁干部在线	

2. 3D 变换	```html
	<! DOCTYPE html>
	<html>
	  <head>
	    <meta charset="UTF-8">
	    <title>CSS 动画</title>
	    <style type="text/css">
	      @ keyframes turnaround{
	        0% {top: 0px; left: 0px; background: red;}
	        25% {top: 0px; left: 100px; background: blue;}
	        50% {top: 100px; left: 100px; background: yellow;}
	        75% {top: 100px; left: 0px; background: green;}
	        100% {top: 0px; left: 0px; background: red;}
	      }
	      @ -moz-keyframes turnaround{
	        0% {top: 0px; left: 0px; background: red;}
	        25% {top: 0px; left: 100px; background: blue;}
	        50% {top: 100px; left: 100px; background: yellow;}
	        75% {top: 100px; left: 0px; background: green;}
	        100% {top: 0px; left: 0px; background: red;}
	      }
	      @ -webkit-keyframes turnaround{
	        0% {top: 0px; left: 0px; background: red;}
	        25% {top: 0px; left: 100px; background: blue;}
	``
		用于设置嵌套的子元素在 3D 空间中显示的效果。它可以设置两个属性值，即 flat 和 preservr-3d

（续表3）

步骤	操作及效果	说明
| | ```css
50%   {top: 100px; left: 100px; background: yellow;}
75%   {top: 100px; left: 0px; background: green;}
100%  {top: 0px; left: 0px; background: red;}
}
@ -o-keyframes turnaround{
0%    {top: 0px; left: 0px; background: red;}
25%   {top: 0px; left: 100px; background: blue;}
50%   {top: 100px; left: 100px; background: yellow;}
75%   {top: 100px; left: 0px; background: green;}
100%  {top: 0px; left: 0px; background: red;}
}
div{
  width: 100px;
  height: 100px;
  background: red;
  position: relative;
  animation: turnaround 5s infinite;
  -moz-animation: turnaround 5s infinite;
  -webkit-animation: turnaround 5s infinite;
  -moz-animation: turnaround 5s infinite;
  }
</style>
</head>
<body>

</body>
</html>
``` <br><br> 🌐 CSS动画　　　　　　　　　✕ <br><br> ← → C ⓘ 127.0.0.1:8020/( <br><br> 🐼 风变编程　🌐 辽宁省大学生智慧… | |
```

(续表4)

步骤	操作及效果	说明
	 🌐 CSS动画　　　　　　× ＋ ←　→　C　　ⓘ 127.0.0.1:8020/CSS3 🐼 风变编程　🌐 辽宁省大学生智慧…　🌐 （灰色方块图） 	
3. 程序编制	根据所学知识，过渡和动画设置熟练掌握	自主编写程序
4. 程序运行	小组互评，展示部分学生作品	任务结果展示
5. 师生交互	请通过实验，总结过渡和动画设置	回答问题 提出问题

四、任务完成评价表

班级		学号		学生姓名		
内容				评价		
能力目标		评价项目		5	3	2
知识能力	网页设计	过渡				
		动画				
素质能力	欣赏能力					
	独立构思能力					
	发现问题、解决问题的能力					
	自主学习的能力					
	组织能力					
	小组协作能力					

模块四
轻量级框架应用

任务 4.1　jQuery 基础

职业能力 4.1.1　在网页中使用 JavaScript 的语句

※**核心概念**

　　JavaScript 通常简称为 JS，是一种嵌入 HTML 文件的基于对象(object)和事件驱动(event driven)并具有安全性的脚本语言，由浏览器一边解释一边执行。JavaScript 的组成部分包括：ECMAScript，定义了基本的语法和基本对象。现在每种浏览器都有对 ECMAScript 标准的实现。BOM(browser object model)，浏览器对象模型，描述了与浏览器窗口进行访问和操作的方法及接口。DOM(document object model)，文档对象模型，它是 HTML 和 XML 文档的应用程序编程接口。浏览器中的 DOM 把整个网页规划成由节点层级构成的文档。用 DOM API 可以轻松地删除、添加和替换节点。

※**学习目标**

　　1. 能根据实际场景选择相应 JavaScript 应用方式。
　　2. 能使用标准格式书写 JavaScript 语句。

☞ **基本知识**

一、JavaScript 的基本语法

　　JavaScript 可以出现在 HTML 的任意地方，需要使用标签对<script></script>进行声明。

　　JavaScript 是弱类型的语言，在声明变量时不需要声明变量的数据类型，统一使用 var 关键字声明。

　　语法格式：

　　var 变量名 1，变量名 2，…变量名 n=值；

语法说明：

声明变量时可赋值，也可不赋值。未赋值变量均为未定义，即 undefined。

脚本程序语句既可以使用分号(;)结尾，也可以不用分号。

JavaScript 程序对大小字母是"敏感"的，即区分大小写字母。

二、JavaScript 的引入方式

在 HTML 中引入 JavaScript，一般有三种方式：元素事件 JavaScript、内部 JavaScript 和外部 JavaScript。

1. 将 JavaScript 代码(JS 代码)嵌入元素"事件"

在 HTML 标签的"事件属性"中，直接添加脚本代码。

语法格式：

<元素名……事件名 = "JS 代码">

语法说明：事件名 = "JS 代码"指的是将 JS 代码直接写在这里。一般用于 JS 代码较少的情况，如例 4-1。

2. 使用<script>标签在网页中直接插入脚本代码

头部区域或主体区域的恰当位置处添加<script></script>标签对，然后在<script></script>标签对之间根据需求添加相关脚本代码，属于内部 JS 代码，如例 4-2。

语法格式：

```
<script type = "text/javascript">
    …　//在这里放置具体的 JavaScript 脚本
</script>
```

语法说明：type = "text/javascript"可省略。

3. 使用<script>标签链接外部脚本文件

如果同一段脚本需要在若干网页中使用，则可以将脚本放在单独的一个以 .js 为扩展名的文件里(脚本文件)，然后在需要该文件的网页中使用<script>标签引用该文件。

语法格式：

```
<script type = "text/javascript" src = "脚本文件 URL">
</script>
```

语法说明：<script>的 src 属性表示 JavaScript 文件的路径。

☞ 活动设计

一、活动条件

Hbuider 软件。

二、活动组织

1. 每组三人，每人选择一种引入方式完成样式添加。

2. 学员间互相点评。

Web 前端开发

3. 每组每位学员轮换操作。

4. 教师重申操作步骤与代码规范，要求学员举一反三。

三、活动实施

步骤	操作及效果	说明

1. 将 JS 代码嵌入元素"事件"	例 4-1
	``html
	<! DOCTYPE html>
	<html>
	  <head>
	    <meta charset="UTF-8">
	    <title></title>
	  </head>
	  <body>
	    <button type="button" onclick="alert(' Welcome! ')">点击这里</button>
	  </body>
	</html>
	``
		1. alert( )表示弹出一个对话框
		2. onclick 是一个常见的事件属性，表示单击该元素的响应

2. 使用<script>标签在网页中直接插入脚本代码	例 4-2
	``html
	<! DOCTYPE html>
	<html>
	  <head>
	    <meta charset="UTF-8">
	    <title></title>
	    <script>
	      document.write("欢迎来到 JavaScript 乐园!");
	    </script>
	  </head>
	  <body>
	  </body>
	</html>
	``
	
	127.0.0.1:8020/bhcy/l4-2.html
	欢迎来到 JavaScript乐园!
		1. document. write ( )表示在页面中输出内容
		2. write ( ) 是 document 对象的常见方法

(续表)

步骤	操作及效果	说明

3. 使用<script>标签链接外部脚本文件	例 4-3
	
	``html
	<! DOCTYPE html>
	<html>
	  <head>
	    <meta charset="UTF-8">
	    <title></title>
	     < script type = " text/javascript " src = " js/a.js " ></script>
	  </head>
	  <body>
	    <form>
	      < input type = "button" value = "开始游戏" onclick = "attackEnemy()"/>
	    </form>
	  </body>
	</html>
	``
	a.Js 脚本文件
	``javascript
	function attackEnemy(){
	  document.write("加载中...");
	  alert("ready go");
	}
	``
	
	127.0.0.1:8020 显示
	
	ready go
	
	确定
		1. onclick = " " 单击事件
		2. function attackEnemy()自定义函数

4. 程序编制	根据所学知识，将 3 种 JS 应用方式应用于同一网页文件中，并对文本显示做个性化处理	自主编写程序
5. 程序运行	小组互评，展示部分学生作品	任务结果展示
6. 师生交互	请通过实验，总结三种 JS 代码引入方式的优先规则	回答问题 提出问题

四、任务完成评价表

班级		学号		学生姓名		
内容				评价		
能力目标		评价项目		5	3	2
知识能力	网页设计	能使用 3 种方式添加 JS 代码				
		能使用 alert 和 document. write( )动态输出文本。				
素质能力	欣赏能力					
	独立构思能力					
	发现问题、解决问题的能力					
	自主学习的能力					
	组织能力					
	小组协作能力					

知识拓展

1. 引入外部 CSS 使用的是<link>元素，而引入 JavaScript 文件使用的是<script>元素。
2. src 是 source 的缩写，src 指向的内容会嵌入文档当前元素所在的位置。
3. src 常用 src 属性的元素有<img>、<script>。

职业能力 4.1.2 使用 BOM 对象与浏览器窗口交互

❖核心概念

BOM 对象也称为内置对象(browser object mode)，是浏览器对象模型，也是 JavaScript 的重要组成部分。它提供了一系列对象用于与浏览器窗口进行交互，这些对象通常统称为 BOM 对象。JavaScript 中 6 个 BOM 对象包括：window 对象、document 对象、location 对象、navigator 对象、screen 对象以及 history 对象。

❖学习目标

1. 了解 window 对象及其子对象，了解 window 对象下的常用方法。
2. 能够通过 window 对象下的属性获取窗口大小。
3. 能够通过 window 对象下的方法实现定时器效果。

基本知识

一、window 对象

window 对象表示浏览器窗口，是 JavaScript 的最顶层对象，其他的 BOM 对象都是

window 对象的属性：

①document（文档对象）：也称为 DOM 对象，是 HTML 页面当前窗体的内容，同时也是 JavaScript 重要组成部分之一。

②history（历史对象）：主要用于记录浏览器的访问历史，也就是浏览网页的前进与后退功能。

③location（地址栏对象）：用于获取当前浏览器中 URL 地址栏内的相关数据。

④navigator（浏览器对象）：用于获取浏览器的相关数据，例如浏览器的名称、版本等，也称为浏览器的嗅探器。

⑤screen（屏幕对象）：可获取与屏幕相关的数据，例如屏幕的分辨率等。

二、window 对象的常用属性

window 对象提供 innerHeight 属性和 innerWidth 属性来访问浏览器的尺寸，如例 4-4 所示。但较早版本的 IE 浏览器必须通过 document. documentElement. clientHeight 和 document. documentElement. clientWidth 或者 document. body. clientHeight 和 document. body. clientWidth 来获取浏览器宽度与高度。

三、window 对象的常用方法

window 对象的常用方法如表 4-1 所示。

表 4-1　window 对象的常用方法

方法	作用	方法	作用
alert( )	用于弹出警告对话框	resizeBy( )、resizeTo( )	重设窗口大小
confirm( )	用于弹出确认对话框	scrollBy( )、scrollTo( )	滚动当前窗口中的 HTML 文档
prompt( )	用于弹出输入对话框	setTimeout( )	开启"一次性"定时器
close( )	关闭窗口	clearTimeout( )	关闭"一次性"定时器
open( )	打开窗口	setInterval( )	开启"重复性"定时器
focus( )	让窗口获得焦点	clearInterval( )	关闭"重复性"定时器
blur( )	让窗口失去焦点		

定时器，就是每隔一段时间执行一次代码。在 JavaScript 中，对于定时器的实现有两组方法：setTimeout( ) 和 clearTimeout( )，以及 setInterval( ) 和 clearInterval( )。

setTimeout( ) 方法用于在指定的时间后调用函数或执行某段代码，ClearTimeout( ) 方法用来取消执行 setTimeout( )。

语法格式：

`t=setTimeout(代码, 时间毫秒数); clearTimeout(t);`

语法说明：

setTimeout( ) 中的代码参数可以是一段 JavaSeript 代码，也可以是一个函数（function）。这里的参数只用函数名，不要加括号。setTimeout( ) 方法只执行指定代码一次，如果要多次调用，应该用 setInterval( ) 方法或在参数代码中通过递归调用 setTimeout( )。

活动设计

一、活动条件

Hbuider 软件。

二、活动组织

1. 每组二人,每人完成一道例题。
2. 学员间互相点评。
3. 每组每位学员轮换操作。
4. 教师重申操作步骤与代码规范,要求学员举一反三。

三、活动实施

步骤	操作及效果	说明

1. 获取窗口大小	例 4-4
	
	``html
	<! DOCTYPE html>
	<html>
	  <head>
	    <meta charset="UTF-8">
	    <title></title>
	    <script>
	      var w = window.innerWidth ;
	      var h = window.innerHeight;
	      alert(w + ' : ' + h);
	    </script>
	  </head>
	  <body>
	  </body>
	</html>
	``
	
	127.0.0.1:8020/bhcy/4.1.2/L4
	127.0.0.1:8020/bhcy/4.1.2/L4-3.html?_hbt=...
	
	127.0.0.1:8020 显示
	626:241
	
	确定
		在 Chrome 中, outer-Width、outerHeight、innerWidth、innerHeight 返回相同的值,即视口大小而非浏览器窗口大小

(续表)

步骤	操作及效果	说明

2. 通过 window 对象下的方法实现定时器效果	例 4-5
	
	``html
	<! DOCTYPE html>
	<html>
	  <head>
	    <meta charset="UTF-8">
	    <title>window setTimeOut 方法</title>
	    <script>
	      function fun1() {
	        document.write("函数 fun1 被调用");
	      }
	    </script>
	  </head>
	  <body>
	    <p>5 秒钟之后，函数被调用。</p>
	    <script>
	      window.setTimeout(fun1, 5000);
	    </script>
	  </body>
	</html>
	``
	
	函数 fun1 被调用
		setTimeout：JavaScript 函数，等待的毫秒数。实例中设定了等待 5 s 后，浏览器就会执行 fun1( ) 这个函数

3. 程序编制	根据所学知识，能识别网页窗口的尺寸，能添加计时器，尝试使用 open ( ) 和 close( )方法，打开关闭网页，并对文本显示做个性化处理	自主编写程序
4. 程序运行	小组互评，展示部分学生作品	任务结果展示
5. 师生交互	请通过实验，总结 BOM 对象与浏览器窗口交互的方法	回答问题 提出问题

四、任务完成评价表

班级		学号		学生姓名		
内容				评价		
能力目标		评价项目		5	3	2
知识能力	网页设计	能使用 window 属性，获取窗口信息				
		能使用 window 的计时器方法。				
素质能力		欣赏能力				
		独立构思能力				
		发现问题、解决问题的能力				
		自主学习的能力				
		组织能力				
		小组协作能力				

知识拓展

> window. location 对象可用于获取当前页面地址(URL)并把浏览器重定向到新页面。URL(uniform resource locator)的意思是统一资源定位符，是用于完整地描述 Internet 上网页和其他资源的地址的一种标识，也被称为"网址"。

URL 的组成：

1. 协议部分

这里使用的是 HTTP 协议，即超文本传输协议，该协议支持简单的请求和响应会话，对于 Web 服务器而言，最常用的是 HTTP 协议。

2. 服务器域名或 IP 地址部分

IP 地址指的就是服务器在网络中的地址，不过现在基本所有的网站所使用的都是由 dns 域名系统所分配的域名。

3. 端口号

端口是服务器用于内外部通信的通道，当用户访问服务器时必须从要求的端口访问才能正常打开网页。

4. 路径

一般网页的所有资源不会只保存在同一级目录中。

URL 语法格式：

```
<scheme>: //<user>: <password>@ <host>: <port>/<path>; <params>?<query>#<frag>
```

职业能力 4.1.3 使用 DOM 对象改变文档对象

◈核心概念

DOM(Document Object Model)即文档对象模型。DOM 提供了一组独立于语言和平台的应用程序编程接口,描述了如何访问和操纵 XML 和 HTML 文档的结构和内容。在 DOM 中,一个 HTML 文档是一个树状结构,其中的每一块内容称为一个节点。HTML 文档中的元素、属性、文本等不同的内容在内存中转化为 DOM 树中的相应类型的节点。

在 DOM 中,节点类型主要有 document 节点、元素节点(包括根元素节点)、属性节点和文本节点等。其中,document 节点位于最顶层,是所有节点的祖先节点,该节点对应整个 HTML 文档,是操作其他节点的入口。

◈学习目标

1. 掌握 HTML 文档对象及其常用元素对象。
2. 能够动态改变网页内容和样式。

基本知识

一、HTML 文档对象结构

当网页被加载时,浏览器会创建页面的文档对象模型(Document Object Model)。文档对象模型属于 BOM 的一部分,用于对 BOM 中的核心对象 document 进行操作。对 HTML,DOM 使 HTML 形成一棵 DOM 树,类似于一棵家族树,一层接一层,子子孙孙。为了能够使 JavaScript 操作 HTML,JavaScript 就有了一套自己的 DOM 编程接口,如图 4-6 所示:

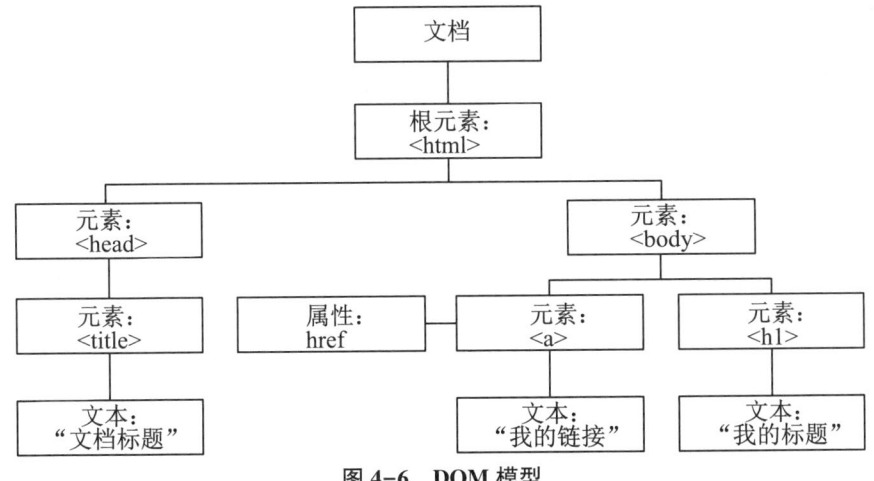

图 4-6 DOM 模型

在 JavaScript 中,节点也分为很多类型。DOM 节点共有 12 种类型,常见的有 3 种:元素节点、属性节点、文本节点。

例：<div id="wrapper">经典电影网</div>

上述代码中有3个节点，分别是元素节点、属性节点和文本节点。

在JavaScript中可以使用nodeType属性来判断一个节点的类型。元素节点nodeType属性值为1，属性节点nodeType属性值为2，文本节点nodeType属性值为3。

元素节点有子节点，它的子节点可以是元素、文本、注释等。属性节点和文本节点没有子节点。节点之间的关系类似于现实生活中的家族关系，例如祖孙、父子、兄弟等。DOM中有一些属性专门用于描述节点之间的关系，参考表4-2。

表4-2 关系属性

属性	描述	返回值
parentNode	父节点	Node 对象或 null
childNode	子节点列表(包含所有类型的子节点)	NodeList 类数组对象
firstChild	子节点中的第一个	Node 对象或 null
lastChild	子节点中的最后一个	Node 对象或 null
previousSibling	前一个兄弟节点	Node 对象或 null
nextSibling	后一个兄弟节点	Node 对象或 null

parentNode、childNodes、previousSibling 和 nextSibling 这些属性常用于 DOM 遍历。比如，使用 getElementByld( )等方法可以获取一个元素，然后又想得到该元素的父元素、子元素，甚至是下一个兄弟元素，这就是 DOM 遍历。在 JavaScript 中，DOM 遍历可以分成查找父元素、查找子元素、查找兄弟元素 3 种情况。

除了上述这些关系属性，节点对象还包含几个常用的属性：nodeName(HTML 元素标签名)、nodeValue(文本或注释节点的文本内容)、ownerDocuren(节点所属的文档)、textContent(文本节点或注释节点的文本内容。若是元素节点或文档片段节点，该属性值为所有子孙文本节点拼接而成的文本内容。

二、获取元素

DOM 树是由许多 HTML 标签元素构成的，这些标签元素就是树上的节点，要对节点操作首先需要获得节点，获取节点的方法主要有以下几种。

①标签 id 获取：通过 id 号获取元素，返回一个元素对象 document. getElementById (idName)。

②标签 name 属性获取：通过 name 属性获取元素组，返回元素对象数组 document. getElementsByName(name)。

③类别名称获取：通过 class 获取元素组，返回元素对象数组(IE8 以上才有) document. getElementsByClassName(className)。

④标签名称获取：通过标签名获取元素组，返回元素对象数组 document. getElementsByTagName(tagName)。

以上方法如果找到元素，将以对象的形式返回元素。如果未找到元素，则返回 null。后 3 种方法返回元素数组，需要注意以下几点。

①当获取结果可能是多个时，Element 后面要加 s。

②据标签获取的结果是伪数组形式，伪数组是不具备数组的方法。

③要操作伪数组中的所有元素需要遍历伪数组。

④据标签名获取元素时，有可能获取到的标签只有一个，但是形式还是伪数组。

三、获取和设置元素的属性值

对获取的节点，我们可以得到节点的属性值，也可以设置节点的属性值。其具体的语法格式如下：

```
element.getAttribute(attributeName)
```

括号传入属性名，返回对应属性的属性值。

```
element.setAttribute(attributeName, attributeValue)
```

括号传入属性名及设置的值。

四、创建和增添节点

在 DOM 操作中，常常需要在 HTML 页面中动态地追加一些 HTML 元素，这就需要创建节点，然后追加节点。下面分别介绍创建节点及增添节点的方法。

创建节点：

```
document.createElement ("h3");
```

创建一个 HTML 元素，这里以创建 h3 元素为例。

```
document.createTextNode(String);
```

创建一个文本节点。

```
document.createAttribute("class");
```

创建一个属性节点，这里以创建 class 属性为例

增添节点：

向 element 内部最后面添加一个节点，参数是节点类型

```
element.appendChild(Node);
```

在 element 内部的 existingNode 前面插入 newNode

```
element.insertBefore(newNode, existingNode);
```

五、删除节点

对节点的操作，可以进行增加，也可以将节点进行动态删除，下面介绍删除节点的方法。

删除当前节点下指定的子节点，删除成功返回该被删除的节点，否则返回 null。

```
element.removeChild(Node)
```

☞ 活动设计

一、活动组织

1. 每组三人，每人完成一道例题。

2. 学员间互相点评。

3. 每组每位学员轮换操作。

4. 教师重申操作步骤与代码规范，要求学员举一反三。

二、活动实施

步骤	操作及效果	说明

1. 使用 DOM 增添获取元素并设置其属性	例4-6
	
	``html
	<! DOCTYPE html>
	<html>
	  <head>
	    <meta charset="UTF-8">
	    <title></title>
	    <style>
	      .gray {
	        color: #808080;
	      }
	      .black {
	        color: #000;
	      }
	    </style>
	    <script>
	      window.onload = function() {
	        var txtSearch = document.getElementById
	(' txtSearch');
	//在事件处理函数中，this 代表触发该函数的对象
	        txtSearch.onfocus = function() {
	    if(this.value === ' 请输入关键字') {
	        this.value = ' ' ;
	        this.className = ' black' ;
	          }
	          }
	txtSearch.onblur = function() {
	    if(this.value.length === 0 || this.value === ' 请输
	入关键字') {
	        this.value = ' 请输入关键字' ;
	        this.className = ' gary' ;
	          }
	        }
	      }
	    </script>
	  </head>
	  <body>
	    <h2>注册</h2>
	    <label><span>* </span>用户名：</label>
	    <input type="text" name="" id="txtSearch" value="请
	输入关键字" class="gray">
	``
		1. window. onload（）方法用于在网页加载完毕后立刻执行的操作，即当 HTML 文档加载完毕后，立刻执行某个函数
		2. txtSearch. onfocus 当文本框获得焦点时，执行函数实现功能为：如果文本框内容为"请输入关键字"则清空文本框内容 并让字体呈黑色
		3. txtSearch. onblur 当文本框失去焦点时执行函数，实现功能为如果文本框内容为空则还原文本框内容字体呈灰色

(续表1)

步骤	操作及效果	说明

	``html
	</body>
	</html>
	``
	
	注册
	
	*用户名：　请输入关键字	

2. 动态增添元素	例4-7
	``html
	
	<label>请输入您的爱好！</label>
	<input type="text" id="txt1" >
	<input type="button" id="btn1" value="添加">
	  <ul id="ul1"></ul>
	</body>
	  <script>
	var oBtn = document.getElementById("btn1");
	var oUl = document.getElementById("ul1");
	  oBtn.onclick = function() {
	        //创建一个新节点
	var oLi = document.createElement("li");
	var oTxt = document.getElementById("txt1");
	  oLi.innerHTML = oTxt.value + "<a href=' #' >删除</a>";
	  //在ul中添加子节点
	  var first = oUl.firstChild;
	  if(first) {
	    oUl.insertBefore(oLi, first);
	    } else {
	    oUl.appendChild(oLi);
	    }}
	  </script>
	``
		innerHTML 的方法
		通过文档结点树中结点的 innerHTML 属性，不仅可以得到指定元素中的 HTML 语句内容，还可以通过重新设置元素中的内容来改变网页的显示内容

（续表2）

步骤	操作及效果	说明
	![注册页面截图] 注册 *用户名：请输入关键字 踢足球　　　添加 • 画画删除 • 唱歌删除	

3. 动态删除元素	例4-8
	var aTag = document.getElementsByTagName('a');
	for(var i = 0; i < aTag.length; i++) {
	// 给 a 添加单击事件
	　aTag[i].onclick = function()
	{　　oUl.removeChild(this.parentNode);
	　}
	}
		1. getElementsByTagName('a')获得所有的 a 标签
		2. aTag.length 获取 aTag 数组长度

4. 程序运行	小组互评，展示部分学生作品	任务结果展示
5. 师生交互	请通过实验，总结 DOM 对象的使用方法	回答问题 提出问题

三、任务完成评价表

班级		学号		学生姓名		
内容				评价		
能力目标		评价项目		5	3	2
知识能力	网页设计	能获取 HTML 文档对象及其常用属性				
		能够动态改变网页内容和样式				
素质能力	欣赏能力					
	独立构思能力					
	发现问题、解决问题的能力					
	自主学习的能力					
	组织能力					
	小组协作能力					

职业能力 4.1.4　在网页中使用 jQuery 框架

❖**核心概念**

　　jQuery 是一个快速、简洁的 JavaScript 框架。jQuery 设计的宗旨是"write Less, Do More"，即倡导写更少的代码，做更多的事情。它封装 JavaScript 常用的功能代码，提供一种简便的 JavaScript 设计模式，优化 HTML 文档操作、事件处理、动画设计和 Ajax 交互。

❖**学习目标**

　　1. 了解 jQuery 是什么，能在网页中引入 jQuery。
　　2. 学会使用工厂函数。

☞ **基本知识**

一、引入 jQuery

　　jQuery 本质就是一个 JavaScript 文件，使用 script 标签的 src 属性，链接相应的 JavaScript 文件后就可以直接使用了，两种基本方式：

　　(1)利用 cdn 静态资源库进行导入

　　语法格式："<script src="cdn 的 jquery 网址"></script>";

　　例：<script src = "https: //code.jquery.com/jquery - 3.1.1.min.js"></script>

　　(2)可通过网站 https: //jquery.com/下载需要的版本的 jQuery 文件，再将本地下载的文件进行导入

　　语法格式:"<script src="本地 jquery 文件地址"></script>"

　　例：<script src="jquery-3.6.0.min.js"></script>

二、jQuery 语法

　　在 jQuery 中，$ 符号主要是用于获得元素对象，通过获取对象，才能使用 jQuery 方法对其进行操作。

　　语法格式：$(selector).action()

　　语法说明：美元符号定义 jQuery，选择符(selector)"查询"和"查找"HTML 元素，jQuery 的 action() 执行对元素的操作。

　　例：$("p").hide() - 隐藏所有段落。

三、jQuery 与 JavaScript 的区别示例

　　jQuery 代码(为了方便对比，将代码分成两行书写)：

　　var div = $("div"); // 获取元素

```
div.hide(); // 对元素进行操作
JavaScript 原生代码
var div = document.querySelector('div'); // 获取元素
div.style.display = 'none'; // 对元素进行操作
```

四、jQuery 的六种选择器

1. 基础选择器

jQuery 的基本选择器和 CSS 选择器非常类似，见表 4-3。

表 4-3　jQuery 的基本选择器

名称	用法	描述
id 选择器	$("#id")	获取指定 id 的元素
全选选择器	$("*")	匹配所有元素
类选择器	$(".class")	Index 页面的结构文件获取同一类 class 的元素
标签选择器	$("div")	获取相同标签名的所有元素
并集选择器	$("div, p, li")	选取多个元素
交集选择器	$("li.current")	交集元素

语法举例：$("#box2").css("backgroundColor", "yellow");
或者：$(".box").css({"backgroundColor":"yellow"});

2. 层级选择器

jQuery 层级选择器：层级选择器可以完成多层级元素之间的获取，见表 4-4。

表 4-4　jQuery 层级选择器

名称	用法	描述
子代选择器	$("ul > li")	子代选择器获取子级元素
后代选择器	$("ul li")	后代选择器获取后代元素
prev + next	$("#box2+div")	获取当前元素紧邻的下一个同级元素
prev ~ siblings	$("#box2~div")	获取当前元素后的所有同级元素

语法举例：$("body>div").css("backgroundColor", "yellow");

3. 筛选选择器

筛选选择器：筛选选择器（表 4-5）用来筛选元素，通常和别的选择器搭配使用，常用筛选方法见表 4-6。

表 4-5　筛选选择器

名称	用法	描述
: first	$("li: first")	获取第一个 li 元素
: last	$("li: last")	获取最后一个 li 元素
: eq(index)	$("li: eq(2)")	获取 li 元素，选择索引为 2 的元素
: odd	$("li: odd")	获取 li 元素，选择索引为奇数的元素
: even	$("li: even")	获取 li 元素，选择索引为偶数的元素

表 4-6　常用筛选方法

名称	用法	描述
parent( )	$("li").parent( )$	查找父级元素
children(selector)	$("ul").children("li")$	查找子级元素
find(selector)	$("ul").find("li")$	查找后代
siblings(selector)	$(".first").siblings("li")$	查找兄弟节点
nextAll([expr])	$(".first").nextAll( )$	查找当前元素之后所有的同辈元素
prevAll([expr])	$(".last").prevAll( )$	查找当前元素之前所有的同辈元素
hasClass(class)	$("div").hasClass("protected")$	检查当前的元素是否含有特定的类，返回 true 或 false
eq(index)	$("li").eq(2)$	相当于 $("li：eq(2)")$

4. 属性选择器

属性选择器示例及功能见表 4-7。

表 4-7　属性选择器

选择器	示例	功能描述
[attr]	$("div[class]")$	获取具有指定属性的元素
[attr = value]	$("div[class='current']")$	获取属性值等于 value 的元素
[attr！= value]	$("div[class！='current']")$	获取属性值不等于 value 的元素
[attr^= value]	$("div[class^='box']")$	获取属性值以 value 开始的元素
[attr $ = value]	$("div[class $ ='er']")$	获取属性值以 value 结尾的元素
[attr * = value]	$("div[class * ='~']")$	获取属性值包含 value 的元素
[attr~ = value]	$("div[class~='box']")$	获取元素的属性值包含一个 value，以空格分隔
[attr1] [attr2]...[attrN]	$("input[id][name $ ='usr']")$	获取同时拥有多个属性的元素

五、jQuery DOM 操作

jQuery 中的 DOM 节点操作主要包括：内容操作、建（新建）、增（添加）、删（删除）、改（修改）、查（查找）。

1. 节点内容操作

节点内容操作，分为输入框中的值（如单行文本框的值、文本域的值和下拉框中的值等）和 HTML 内容。

$(选择器).val([值])：设置或者返回表单字段的值。

$(选择器).html([值])：设置或者返回所选元素的内容（包括 HTML 标记）。

$(选择器).text([值])：设置或者返回所选元素的文本内容。

例：查找元素节点 p 返回 p 内的文本内容 $("p").text();

2. 新建 DOM 节点

（1）创建元素节点

创建元素节点使用 jQuery 的工厂函数 $( ) 来完成，格式为：$ (html)

该方法会根据传入的 html 字符串返回一个 DOM 对象，并将 DOM 对象包装成一个 jQuery 对象后返回。

例：$ li2=$ ("<li>苹果</li>");

代码返回 $ li2 就是一个由 DOM 对象包装成 JQuery 对象，把新建节点作为<ul>元素的子节点添加到 DOM 节点树上，jQuery 代码如下：

("ul").append($ li2);

添加后页面中能看到"·苹果"。

（2）创建属性节点

例：$ li3=$ ("<li title=' 榴莲' >榴莲</li>");

代码返回 $ li3 也是一个由 DOM 对象包装成 jQuery 对象，把新建的属性节点添加到 DOM 树中，jQuery 代码如下：

$ ("ul").append($ li3);

添加后页面中能看到"·榴莲"，右键查看页面源码发现新加的属性节点有 title=′榴莲′属性。

3. 添加 DOM 节点

动态新建元素不添加到文档中没有实际意义，将新建的节点插入到文档中有多个方法，如下：append( )、appendTo( )、prepend( )、prependTo( )、after( )、insertAfter( )、before( )、insertBefore( )。

（1）append( )方法

append( )方法向匹配的元素内部追加内容，方法如下：

$ ("target").append(element);

例：$ ("ul").append("<li title=' 香蕉' >香蕉</li>");

该方法能查找 ul 元素，然后向 ul 中添加新建的 li 元素。

（2）appendTo( )方法

appendTo( )方法将所有匹配的元素追加到指定的元素中，该方法是 append( )方法的颠倒（操作主题的颠倒并非操作结果）操作。格式为：$ (element).appendTo(target)；例：

$ ("<li title=' 荔枝' >荔枝<li>").appendTo("ul");

该方法新建元素 li，然后把 li 添加到查找到的 ul 元素中。

（3）prepend( )方法

prepend( )方法将每个匹配的元素内部前置要添加的元素，格式为：

$ (target).prepend(element);

例：$ ("ul").prepend("<li title=' 芒果' >芒果</li>")

该方法将查找元素 ul，然后将新建的 li 元素作为 ul 子节点，且作为 ul 的第一个子节点插入到 ul 中。

（4）prependTo( )方法

prependTo( )方法将元素添加到每一个匹配的元素内部前置，格式为：

$ (element).prependTo();

例：$ ("<li title=' 西瓜' >西瓜</li>").prependTo("ul");

该方法将新建的元素 li 插入到查找到的 ul 元素中作为 ul 的第一个子节元素。

（5）after( )方法

after( )方法向匹配的元素后面添加元素，新添加的元素作为目标元素后的紧邻的兄弟元素。格式为：

```
$(target).after(element);
```

例：`$("p").after("<span>新加段</span>");`

该方法将查找节点 p，然后把新建的元素添加到 span 节点后面作为 p 的兄弟节点。

（6）insertAfter( )方法

insertAfter( )方法将新建的元素插入到查找到的目标元素后，作为目标元素的兄弟节点。格式为：

```
$(element).insertAfter(target);
```

例：`$("<p>insertAfter 操作</p>").insertAfter("span");`

该方法将新建的 p 元素添加到查找到目标元素 span 后面，作为目标元素后面的第一个兄弟节点。

（7）before( )方法

before( )方法在每一个匹配的元素之前插入元素，作为匹配元素的前一个兄弟节点。格式为：

```
$(target).before(element);
```

例：`$("p").before("<span>下面是个段落</span>");`

before 方法查找每个元素 p，将新建的 span 元素插入到元素 p 之前作为 p 的前一个兄弟节点。

（8）insertBefore( )方法

insertBefore( )方法将新建元素添加到目标元素前，作为目标元素的前一个兄弟节点，格式为：

```
$(element).insertBefore(target);
```

例：`$("<a href='#'>锚</a>").insertBefore("ul");`

insertBefore( )新建 a 元素，将新建的 a 元素添加到元素 ul 前，作为 ul 的前一个兄弟节点。

前四个增加元素的方法是添加到元素内部的操作，后四个是添加到元素外部的操作，有这些方法可以完成任何形式的元素添加。

4. 删除 DOM 节点操作

如果想要删除文档中的某个元素 jQuery 提供了两种删除节点的方法：remove( ) 和 empty( )；

（1）remove( )方法

remove( )方法为删除所有匹配的元素，传入的参数用于筛选元素，该方法能删除元素中的所有子节点，当匹配的节点及后代被删除后，该方法返回值是指向被删除节点的引用，因此可以使用该引用，再使用这些被删除的元素。

格式为：`$(element).remove();`

例：`$span=$("span").remove();`

`$span.insertAfter("ul");`

该示例中先删除所有的 span 元素，把删除后的元素使用 $span 接收，之后把删除后的元素添加到 ul 后面作为 ul 的兄弟节点。该操作相当于将所有的 span 元素以及后代元素移到 ul 后面。

（2）empty（）方法。

empty（）方法严格来讲并不是删除元素，该方法只是清空节点，它能清空元素中的所有子节点。

格式为：$（element）.empty();

例：$（"ul li: eq(0)"）.empty();

该示例使用 empty 方法清空 ul 中第一个 li 的文本值，只留下 li 标签默认符号"·"。

5. 修改 DOM 节点操作

修改文档中的元素节点可以使用多种方法：复制节点、替换节点、包裹节点。

（1）复制节点 $（element）.clone（）

复制节点方法能够复制节点元素，并且能够根据参数决定是否复制节点元素的行为。

格式为：$（element）.clone(true);

例：$（"ul li: eq(0)"）.clone(true);

该方法复制 ul 的第一个 li 元素，true 参数决定复制元素时也复制元素行为，当不复制行为时没有参数。

（2）替换节点 $（element）.repalcewith（）、$（element）.repalceAll（）

替换节点方法能够替换某个节点，有两种形式形式实现：replaceWith 方法即使用后面的元素替换前面的元素，replaceAll 方法即使用前面的元素替换后面的元素。

格式为：$（oldelement）.replaceWith(newelement);

$（newelement）.repalceAll(oldelement);

例：$（"p"）.replaceWith("我要留下");

该方法使用 strong 元素替换 p 元素。

$（"<h3>替换 strong</h3>"）.repalceAll("strong");

该例使用 h3 元素替换所有的 strong 元素。

☞ 活动设计

一、活动条件

jquery-3.3.1.min.js 文件。

二、活动组织

1. 每组三人，每人选择一种引入方式完成样式添加。

2. 学员间互相点评。

3. 每组每位学员轮换操作。

4. 教师重申操作步骤与代码规范，要求学员举一反三。

三、活动实施

步骤	操作及效果	说明

1. 使用 jQuery 选取操作页面元素	例 4-9
	
	``html
	<! DOCTYPE html>
	<html>
	  <head>
	    <meta charset="UTF-8">
	    <title>Document</title>
	    <style>
	      div {
	        width: 200px;
	        height: 200px;
	        background-color: pink;
	      }
	    </style>
	    <script src="jquery-3.3.1.min.js"></script>
	  </head>
	  <body>
	    <div></div>
	    <script>
	      $ ("div").hide(); // 隐藏 div 元素
	    </script>
	  </body>
	</html>
	``
		1. 引入 jquery - 3.3.1. min.js 文件
		2. $("div") 使用标签选择器,选取 div 标签元素

2. 给选取对象,添加动态显示样式	例 4-10
	
	``html
	<! DOCTYPE html>
	<html>
	  <head>
	    <meta charset="UTF-8">
	    <title>Document</title>
	    <script
	        src="jquery-3.3.1.min.js"></script>
	  </head>
	  <body>
	    <button>按钮1</button>
	    <button>按钮2</button>
	    <button>按钮3</button>
	    <script>
	      $ ("button").click(function () {
	        $ (this).css("background", "pink");
	$ (this).siblings("button").css("background", "");
	      });
	    </script>
	  </body>
	</html>
	``
		1. $("button").click (function () {}); 单击按钮触发事件代码
		2. $(this).css("background", "pink") 给当前对象添加粉色背景色
		3. siblings 查找当前对象的兄弟节点

(续表1)

步骤	操作及效果	说明

3. 使用 jQuery 在指定位置，添加 DOM 对象	例 4-11
	
	``html
	<! DOCTYPE html>
	<html>
	<head>
	  <meta charset="UTF-8">
	  <meta http-equiv="X-UA-Compatible" content="IE=edge">
	  <meta name="viewport" content="width=device-width, initial-scale=1.0">
	  <title>创建 DOM 元素</title>
	</head>
	<body>
	  <p id="myTarget">第一个段落 p</p>
	  <p>第二个段落 p</p>
	  <script
	        src="jquery-3.6.0.min.js"></script>
	  <script>
	    $ (function(){ //ready()函数
	    var oNewP = $ ("<p>使用 jQuery 创建的内容</p>");
	//创建 DOM 元素
	      oNewP.insertAfter("#myTarget"); //insertAfter()方法
	    });
	  </script>
	</body>
	</html>
	``
	
		1. $ (function()｛｝) 在 DOM 加载完毕后，页面全部内容(如图片等)完全加载完毕前被执行
		2. var oNewP = $ ("<p>使用 jQuery 创建的内容</p>"); 创建段落 p
		3. insertAfter()方法，将新建的 p 元素添加到查找到的目标元素后面，作为目标元素后面的第一个兄弟节点

4. 程序编制	根据所学知识，使用 jQuery 选取操作页面元素，给选取对象，添加动态显示样式，动态添加 DOM 对象。并对文本显示做个性化处理	自主编写程序
5. 程序运行	小组互评，展示部分学生作品	任务结果展示

(续表2)

步骤	操作及效果	说明
6. 师生交互	请通过实验，总结实验心得	回答问题 提出问题

四、任务完成评价表

班级		学号		学生姓名	
内容				评价	
能力目标		评价项目	5	3	2
知识能力	网页设计	能使用 jQuery 选取操作页面元素，给选取对象，添加动态显示样式			
		能使用 jQuery 动态添加 DOM 对象。			
素质能力	欣赏能力				
	独立构思能力				
	发现问题、解决问题的能力				
	自主学习的能力				
	组织能力				
	小组协作能力				

👉 知识拓展

2006 年 1 月，在纽约 BarCamp 国际研讨会上，John Resig(约翰·瑞思格)首次发布了 jQuery，它是一个开源的 JavaScript 类库，吸引了世界各地众多 JavaSeript 高手的关注，目前由 Dava Methvin(达瓦·梅斯文)带领团队进行开发。

jQuery 是一个快速、简洁的 JavaScript 库，其设计宗旨是"write less，do more"，倡导用更少的代码，做更多的事情。jQuery 封 JavaSript 常用的功能代码，使用 jQuery 可以快速地完成 JavaScript 中 DOM 操作的开发需求。jQuery 的出现，极大地帮助前端开发人员提高了开发速度。

jQuery 具有如下特点。

jQuery 是一个轻量级的脚本，其代码非常小巧，语法简洁易懂，学习速度快，文档丰富。支持 CSS 1 ～ CSS3 定义的属性和选择器。跨浏览器，支持的浏览器包括 IE6 ～IE11 和 FireFox、Chrome 等，实现了 JavaScript 脚本和 HTML 代码的分离，便于后期编辑和维护。插件丰富，可以通过插件扩展更多功能。

职业能力 4.1.5 使用 jQuery 在网页中添加事件

❖核心概念

事件是页面对不同访问者的响应，指可以被 JavaScript 侦测到的行为，是一种"触发-响应"的机制。这些行为指的就是页面的加载、鼠标单击页面、鼠标指针滑过某个区域等具体的动作，它对实现网页的交互效果起着重要的作用。

事件处理程序指的是当 HTML 中发生某些事件时所调用的方法。

❖学习目标

1. 能够使用 JavaScript 进行事件处理，包括窗口事件、鼠标事件、键盘事件等

👉 基本知识

一、事件三要素

事件由事件源、事件类型和事件处理程序这 3 部分组成，又称为事件三要素，对应了事件处理的三个步骤，具体解释如下。

1. 事件源：获取触发事件的元素。

Js 方式：document.getElementById("id")

jQuery 方式：$("#id")

2. 事件类型：触发了什么事件，如 click 单击事件。要将事件类型注册到事件源。

Js 方式：document.getElementById("id").onclick

jQuery 方式：$("#id").click

3. 事件处理程序：编写事件触发后要执行的代码（函数形式），也称事件处理函数。

Js 方式：document.getElementById("id").onclick = function(){
// 语句}

jQuery 方式：$("#id").click(function(){
// 语句});

二、jQuery 常用事件方法

jQuery 常用事件方法见表 4-8。

表 4-8 jQuery 常用事件方法

分类	方法	说明
表单事件	blur([[data]，function])	当元素失去焦点时触发
	focus([[data]，function])	当元素获得焦点时触发

表 4-8（续）

分类	方法	说明
表单事件	change([[data]，function])	当元素的值发生改变时触发
	focusin([data]，function)	在父元素上检测子元素获取焦点的情况
	focusout([data]，function)	在父元素上检测子元素失去焦点的情况
表单事件	select([[data]，function])	当文本框（包括<input>和<textarea>）中的文本被选中时触发
	submit([[data]，function])	当表单提交时触发
键盘事件	keydown([[data]，function])	键盘按键按下时触发
	keypress([[data]，function])	键盘按键（Shift、Fn、CapsLock 等非字符键除外）按下时触发
	keyup([[data]，function])	键盘按键弹起时触发
鼠标事件	mouseover([[data]，function])	当鼠标指针移入对象时触发
	mouseout([[data]，function])	在鼠标指针从元素上离开时触发
	click([[data]，function])	当单击元素时触发
	dblclick([[data]，function])	当双击元素时触发
	mousedown([[data]，function])	当鼠标指针移动到元素上方，并按下鼠标按键时触发
	mouseup([[data]，function])	当在元素上放松鼠标按钮时，会被触发
浏览器事件	scroll([[data]，function])	当滚动条发生变化时触发
	resize([[data]，function])	当调整浏览器窗口的大小时会被触发

三、jQuery 事件解除

在不需要再继续监听事件执行的时候，就需要解除事件。解除事件的语法如下：

$（selector).off(event)或$（selector).unbind(event)

四、DOM 事件流

事件流是指当事件发生时，会在发生事件的元素节点与 DOM 树根节点之间按照特定的顺序进行传播，这个过程称之为事件流。

网景（Netscape）公司团队的事件流采用事件捕获方式，而微软（Microsoft）公司的事件流采用事件冒泡方式，W3C 对网景公司和微软公司提出的方案进行了中和处理，规定了事件发生后，首先实现事件捕获，但不会对事件进行处理；然后进行到目标阶段，执行当前元素对象的事件处理程序，但它会被看成是冒泡阶段的一部分，"事件冒泡"就是给一个元素及其父元素设置一个事件时，当执行子元素的同时，父元素事件也会触发；最后实现事件的冒泡，逐级对事件进行处理。

W3C 规定的事件流的具体过程对比如图 4-1 所示：

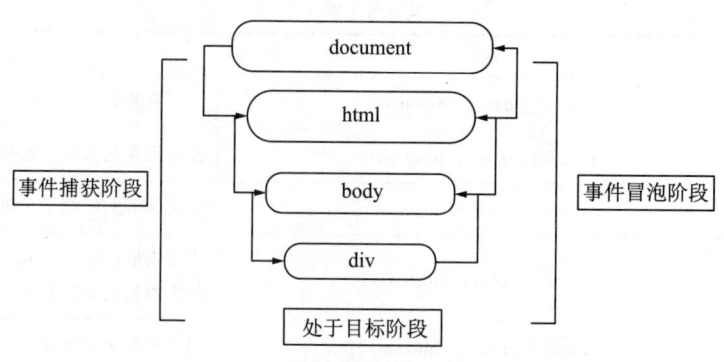

W3C规定的事件流方式

图 4-1　W3C 规定的事件流方式

阻止事件冒泡有两种方法：return false 或 event. stopPropagation( ) ；

默认行为：顾名思义，默认执行的行为，如'a'这个标签点击跳转到另一个页面，这就是默认行为 。阻止默认行为有两种方法：return false；或 e. preventDefault( )

五、事件对象

当一个事件发生后，跟事件相关的一系列信息数据的集合都放到这个对象里面，这个对象就是 event。只有有了事件 event 才会存在，它是系统自动创建的，不需要传递参数。

在标准浏览器中会将一个 event 对象直接传入到事件处理程序中，而早期版本的 IE 浏览器(IE 6—IE 8)中，仅能通过 window. event 才能获取事件对象。

```
var 事件对象 = window.event      // 早期 IE 内核浏览器
DOM 事件对象 = function (event) {}   // W3C 内核浏览器
```

注意：因为在事件触发时就会产生事件对象，并且系统会以实参的形式传给事件处理函数。所以，在事件处理函数中需要用一个形参来接收事件对象 event。

事件对象的常见属性和方法在事件发生后，事件对象 event 中会包含一些所有事件都有的属性和方法。所有事件基本上都包括的常用的属性和方法如表 4-9 所示。

表 4-9　事件常用的属性和方法

属性	说明	浏览器
e. target	返回触发事件的对象	标准浏览器
e. srcElement	返回触发事件的对象	非标准 IE 6—IE 8 使用
e. type	返回事件的类型	所有浏览器
e. stopPropagation( )	阻止事件冒泡	标准浏览器
e. cancelBubble	阻止事件冒泡	非标准 IE 6—IE 8 使用
e. preventDefault( )	阻止默认事件(默认行为)	标准浏览器
e. returnValue	阻止默认事件(默认行为)	非标准 IE 6—IE 8 使用

活动设计

一、活动条件

jquery-3.6.0.min.js 文件。

二、活动组织

1. 每组三人，每人选择一道例题完成。
2. 学员间互相点评。
3. 每组每位学员轮换操作。
4. 教师重申操作步骤与代码规范，要求学员举一反三。

三、活动实施

步骤	操作及效果	说明

1. Javascript 事件绑定	例 4-12
	
	``html
	<!DOCTYPE html>
	<html>
	  <head>
	    <meta charset="UTF-8">
	    <title>Document</title>
	  </head>
	  <body>
	    <button id="orange">桔子</button>
	    <button id="litchi">荔枝</button>
	
	    <img src="img/orange.png" alt="" title="桔子">
	    <script>
	      // 1. 获取元素
	      var orange = document.getElementById(' orange');
	      var litchi = document.getElementById(' litchi');
	      var img = document.querySelector(' img');
	      // 2. 注册事件处理程序
	      orange.onclick = function () {
	        img.src = ' img/orange.png' ;
	        img.title = ' 桔子' ;
	      };
	      litchi.onclick = function () {
	        img.src = ' img/litchi.png' ;
	        img.title = ' 荔枝' ;
	      };
	    </script>
	``
		1. document.getElementById( ) 根据 ID 获取相应元素
		2. document.querySelector( ) 根据标签获取相应元素
		3. orange.onclick = function ( ) { } 对指定元素添加鼠标单击事件

（续表1）

步骤	操作及效果	说明
	``` </body> </html>``` ← → C ① 127.0.0.1:8020/4.1.2/L4-9.html?_hbt=1663586473389 桔子 荔枝 	

2. jQuery 事件绑定	例 4-13
	``html
	<! DOCTYPE html>
	<html>
	<head>
	  <meta charset="UTF-8">
	  <title>jQuery-事件绑定</title>
	  < script type = " text/JavaScript " src = " jquery -
	3.6.0.min.js"></script>
	  <script type="text/JavaScript">
	    $ (function(){
	      $ ("input").focus(function(){
	        $ ("span").show();
	      });
	    });
	</script>
	<style>
	span
	{
	display: none;
	}
	</style>
	</head>
	<body>
	<input>
	<p>单击输入框获取焦点。</p>
	<span>请输入你的电话号码？</span>
	</input>
	</body>
	</html>
	``
		1. $ (function( ){ }); 在 DOM 加载完毕后，页面全部内容(如图片等)完全加载完毕前被执行
		2. $ (" input") 获取 input 标签
		3. $ (" input").focus 给 input 标签绑定获取焦点事件
		4. $ (" span").show( ); 显示隐藏的被选 span 元素

(续表2)

步骤	操作及效果	说明
	单击输入框获取焦点。 请输入你的电话号码?	

3. 键盘事件	例4-14
	`<! DOCTYPE html>`
	`<html>`
	`<head>`
	`  <meta charset="UTF-8">`
	`<title>jQuery-键盘事件</title>`
	`< script type = " text/JavaScript " src = " jquery -`
	`3.6.0.min.js"></script>`
	`  <script type="text/JavaScript">`
	`    i=0;`
	`    $ (function(){`
	`        $ ("input").keypress(function(){`
	`            $ ("span").text(i+=1);`
	`        });`
	`    });`
	`</script>`
	`</head>`
	`<body>`
	`输入你的名字：<input type="text">`
	`<p>按键的次数：<span>0</span></p>`
	`</body>`
	`</html>`
	
	输入你的名字: admin
	
	按键的次数: 5
		1. keypress 用户按下键盘键，并且产生一个字符时发生
		2. $ (" span ") . text (i + = 1）；设置被选元素 span 的文本内容为当前变量 i+1

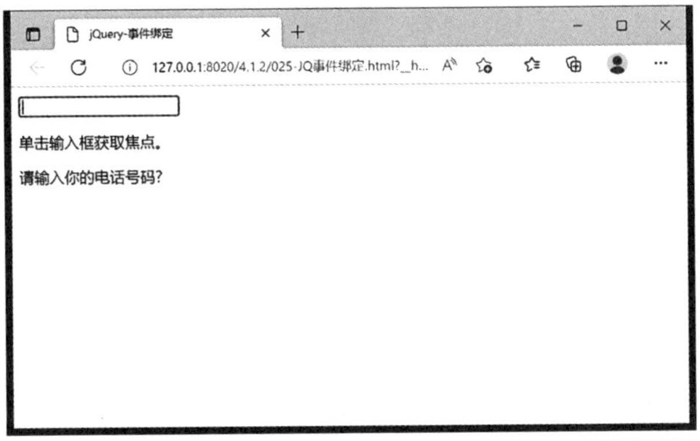

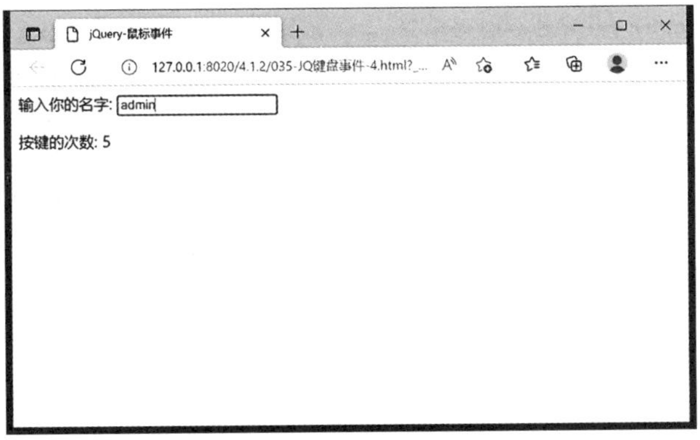

(续表3)

步骤	操作及效果	说明

4. 窗口事件	例4-15
	`<! DOCTYPE html>`
	`<html>`
	`<head>`
	`<meta charset="UTF-8">`
	`<title>jQuery-文档窗口事件</title>`
	`<script type=" text/JavaScript " src=" jquery-3.6.0.min.js"></script>`
	`<script type="text/JavaScript">`
	`x=0;`
	`$(function(){`
	`$(window).resize(function(){`
	`$("span").text(x+=1);`
	`});`
	`});`
	`</script>`
	`</head>`
	`<body>`
	`<p>窗口重置了 <span>0</span> 次大小。</p>`
	`<p>尝试重置窗口大小。</p>`
	`</body>`
	`</html>`
	
		1. resize 当调整浏览器窗口的大小时，触发 resize 事件

5. 事件冒泡与阻止	例4-16
	`<! DOCTYPE html>`
	`<html>`
	`<head>`
	`<meta charset="UTF-8">`
	`<title>jQuery-事件冒泡</title>`
	`<script type=" text/JavaScript " src=" jquery-3.6.0.min.js"></script>`
	`<script type="text/JavaScript">`
	`$(function(){`
	`$(' span' ).click(function(){`
	`var txt=$(' #msg' ).html()+"<p>内部 span 被点击</p>";`
	`$(' #msg' ).html(txt);`
	`});`
	`$(' #content' ).click(function(){`
		1. $(′#msg′).html(txt);：设置 ID 号为 msg 的元素的 html 内容为变量 txt 中的值
		2. event. stopPropagation()；阻止冒泡现象

（续表4）

步骤	操作及效果	说明

	```var txt=$('#msg').html()+"<p>外部 div 被点击</p>";```
	 ``` $('#msg').html(txt);```
	 ```// event.stopPropagation();```
	 ``` });```
	 ``` $("body").click(function(){```
	 ``` var txt=$('#msg').html()+"<p>body 被点击</p>";```
	 ``` $('#msg').html(txt);```
	 ``` });```
	 ```});```
	 ```</script>```
	 ```</head>```
	 ```<body>```
	 ```<div id="content">```
	 ``` 外层 div 元素```
	 ``` <span>内部 span 元素</span>```
	 ``` 外层 div 元素```
	 ```</div>```
	 ```<div id="msg"></div>```
	 ```</body>```
	 ```</html>```	

6. 程序编制	根据所学知识，使用 jQuery 完成两种以上事件的绑定	自主编写程序
7. 程序运行	小组互评，展示部分学生作品	任务结果展示
8. 师生交互	请通过实验，总结实验心得	回答问题 提出问题

四、任务完成评价表

班级		学号		学生姓名		
内容				评价		
能力目标		评价项目		5	3	2
知识能力	网页设计	能使用 jQuery 进行事件绑定。				
		能使用鼠标事件、键盘事件和窗口事件。				
素质能力	欣赏能力					
	独立构思能力					
	发现问题、解决问题的能力					
	自主学习的能力					
	组织能力					
	小组协作能力					

页面加载完毕后浏览器会通过 JavaScript 为 Dom 元素加载事件,使用 JavaScript 时候使用的是 window. onload 方法,而 jQuery 使用的是 $ (document). ready( )方法。

任务 4.2   jQuery 效果

职业能力 4.2.1   使用 jQuery 操作网页样式

❖核心概念

jQuery 操作网页样式是指设置或者修改样式,操作的是 style 属性,通过引入 jQuery,开发人员可以很快捷地控制页面的 CSS 样式。

❖学习目标

1. 使用 CSS 方法来修改简单元素样式。
2. 能修改样式操作类。

基本知识

一、操作 CSS 方法

jQuery 可以使用 CSS 方法来修改简单元素样式;可以操作类,修改多个样式。

1. 获取样式:CSS( )方法接收参数时只写样式名,则返回样式值。

例:$ (this).css("color")

2. 设置单个样式:CSS( )方法接收的参数是属性名和属性值,以逗号分隔,是设置一组样式,属性必须加引号,值如果是数字可以不用跟单位和引号。

$ (this).css("color","red")

3. 设置多个样式:CSS( )方法的参数可以是对象形式,方便设置多组样式。属性名和属性值用冒号隔开,属性名可以不加引号。

$ (this).css({"color":"white","font-size":"20px"})

二、修改样式操作类

当页面中的元素样式比较复杂时,可以通过操作类的方式修改样式,类操作就是通过操作元素的类名进行元素样式操作。以下用代码演示类的添加、删除和切换。

1. 添加类:给元素加一个或多个类名。

基本语法：$(selector).addClass(className)

如果添加多个类，使用空格分隔类名，示例代码如下。

$(this).addClass("current current1 …")

2. 移除类：从被选元素移除一个或多个类。

基本语法$(selector).removeClass(className)

参数可以传入一个或多个类名，使用空格来分隔，如果省略该参数，表示删除该元素所有 class 样式。

3. 切换类：添加或移除某个类，如果类不存在，就添加该类，如果类存在，就移除该类。

基本语法：$(selector).toggleClass(className, switch)

该方法可以添加或移除的一个或多个类名，多个类名用空格分隔。不过，通过使用"switch"参数，能够规定只删除或只添加类。

活动设计

一、活动条件

jquery-3.6.0.min.js 文件。

二、活动组织

1. 每组三人，每人选择一道例题完成。
2. 学员间互相点评。
3. 每组每位学员轮换操作。
4. 教师重申操作步骤与代码规范，要求学员举一反三。

三、活动实施

步骤	操作及效果	说明

1. 使用 jQuery 设置样式	例 4-18
	``html
	<!DOCTYPE html>
	<html>
	<head>
	  <meta charset="UTF-8">
	  <meta http-equiv="X-UA-Compatible" content="IE=edge">
	  <meta name="viewport" content="width=device-width, initial-scale=1.0">
	  <title>css(name, value)方法</title>
	</head>
	<body>
	  <p>把鼠标放上来试试？</p>
	  <p>或者再移动出去？</p>
	``
		1. $("p").mouseover，设置鼠标移入段落 P 时的事件
		2. $("p").mouseout，设置鼠标移出段落 P 时的事件
		3. $(this).css("color","red")，当前对象的字体颜色设置成红色

(续表1)

步骤	操作及效果	说明

	``html
	<script src="jquery-3.6.0.min.js"></script>
	<script>
	  $(function(){
	    $("p").mouseover(function(){
	      $(this).css("color","red");
	    });
	    $("p").mouseout(function(){
	      $(this).css("color","black");
	    });
	  });
	</script>
	</body>
	</html>
	``
	
	浏览器窗口标题: css(name,value)方法
	地址: 127.0.0.1:8020/4.1.2/4-17...
	
	把鼠标放上来试试?
	
	或者再移动出去?	

2. 使用 jQuery 添加类	例 4-19
	``html
	<!DOCTYPE html>
	<html>
	  <head>
	    <meta charset="UTF-8">
	    <meta http-equiv="X-UA-Compatible" content="IE=edge">
	    <meta name="viewport" content="width=device-width, initial-scale=1.0">
	    <title>addClass()方法</title>
	    <style type="text/css">
	      .myClass1 {
	        border: 1px solid #750037;
	        width: 120px;
	        height: 80px;
	      }
	      .myClass2 {
	        background-color: #ffcdfc;
	        transform: rotate(360deg);
	        transition: transform 1s linear;
	      }
	    </style>
	  </head>
	``
		1. $("div").addClass，给 div 标签添加类。
		2. transform：rotate(360deg)；旋转 360 度样式

（续表2）

步骤	操作及效果	说明
	```html\n<body>\n <div></div>\n <script src="jquery-3.6.0.min.js"></script>\n <script>\n $ (function() {\n //同时添加多个CSS类别\n $ ("div").addClass("myClass1 myClass2");\n });\n </script>\n</body>\n</html>\n```	
	addClass()方法　　127.0.0.1:8020/例4-...	
3. 切换类	例4-20 ```html\n<! DOCTYPE html>\n<html>\n<head>\n <meta charset="UTF-8">\n <meta http-equiv="X-UA-Compatible" content="IE=edge">\n <meta name="viewport" content="width=device-width, initial-scale=1.0">\n <title>toggleClass()方法</title>\n<style type="text/css">\n p{\n color: blue; cursor: help;\n font-size: 13px;\n margin: 0px; padding: 5px;\n }\n .highlight{\n background-color: #FFFF00;\n }\n</style>\n</head>\n<body>\n <p>高亮? </p>\n <script src="jquery-3.6.0.min.js"></script>\n```	1. $("p").click，段落P添加单击事件 2. toggleClass()，对设置或移除被选元素的一个或多个类进行切换 该方法检查每个元素中指定的类。如果不存在则添加类，如果已设置则删除之。这就是所谓的切换效果

（续表3）

步骤	操作及效果	说明
	```\n<script>\n $ (function(){\n $ ("p").click(function(){\n //点击的时候不断切换\n $ (this).toggleClass("highlight");\n });\n });\n</script>\n</body>\n</html>\n``` toggleClass()方法 127.0.0.1:8020/4.1.2/例4-... 高亮?	
4. 样式综合应用	```\n例4-21\n<! DOCTYPE html>\n<html>\n<head>\n <meta charset="UTF-8">\n<style type="text/css">\n ul, li{padding: 0; margin: 0;}\n .content{\n width: 380px;\n }\n .content #div0, #div1, #div2{\n border: 2px solid pink;\n }\n #div0 ul, #div1 ul, #div2 ul{\n padding-left: 30px;\n padding-top: 10px;\n padding-bottom: 10px;\n }\n .content #ul1{\n list-style: none;\n overflow: hidden;\n height: 38px;\n line-height: 38px;\n }\n #ul1 li{\n width: 80px;\n```	1. index 是每个 li 的索引下标。 2. $ ("#ul1 li").removeClass('cur'); 将每个 li 的 cur 样式去掉 3. $ ("#ul1 li: eq("+index+")").addClass('cur'); 当前 li 添加 cur 样式

（续表4）

步骤	操作及效果	说明

```
            height: 38px;
            line-height: 38px;
            text-align: center;
            font-weight: bold;
            float: left;
        }
        .cur{
            background: red;
            color: white;
        }
    </style>
    <script type = " text/JavaScript " src = " jquery -
3. 6. 0. min. js"></script>
    <script type="text/JavaScript">
        $ (function(){
            $ ("#ul1 li").each(function(index){
                $ (this).mouseenter(function(){
            $ ("#div0, #div1, #div2").css(' display' , ' none
' );
                    //index 也是 div 的索引下标
                    $ ("#div"+index).css(' display' , ' block
' );
      $ ("#ul1 li").removeClass(' cur' );
      $ ("#ul1 li: eq("+index+")").addClass(' cur' );
                });
            });
        })
    </script>
</head>
<body>
<div class ="content">
        <ul id="ul1">
            <li class="cur">商品属性</li>
            <li>商品展示</li>
            <li>价格说明</li>
        </ul>
        <div id="div0">
            <ul>
                <li><a href="">货号</a></li>
                <li><a href="">款式</a></li>
                <li><a href="">颜色</a></li>
            </ul>
        </div>
        <div id="div1" style="display: none;">
```

（续表5）

步骤	操作及效果	说明
	``` <ul> <li><img src="img/orange.png"></li> </ul> </div> <div id="div2" style="display: none;"> <ul> <li><a href="">说明一</a></li> <li><a href="">说明二</a></li> </ul> </div> </div> </body> </html> ```	
5. 程序编制	根据所学知识，使用 css 方法来修改简单元素样式，能修改样式操作类。模仿例 4-21 个性化设置样式效果	自主编写程序
6. 程序运行	小组互评，展示部分学生作品	任务结果展示
7. 师生交互	请通过实验，总结实验心得	回答问题 提出问题

四、任务完成评价表

班级		学号		学生姓名		
内容				评价		
能力目标		评价项目		5	3	2
知识能力	网页设计	使用 css 方法来修改简单元素样式				
		能修改样式操作类				
		模仿例 4-21 个性化设置样式效果				
素质能力	欣赏能力					
	独立构思能力					
	发现问题、解决问题的能力					
	自主学习的能力					
	组织能力					

jQuery CSS 操作函数中除了最常用的 CSS( ) 函数，还有如下方法可设置或返回元素的 CSS 相关属性。

- height( )　设置或返回匹配元素的高度。
- offset( )　返回第一个匹配元素相对于文档的位置。
- offsetParent( )　返回最近的定位祖先元素。
- position( )　返回第一个匹配元素相对于父元素的位置。
- scrollLeft( )　设置或返回匹配元素相对滚动条左侧的偏移。
- scrollTop( )　设置或返回匹配元素相对滚动条顶部的偏移。
- width( )　设置或返回匹配元素的宽度。

职业能力 4.2.2　使用 jQuery 添加动画

❖核心概念

jQuery 中内置了一系列方法用于实现动画，当这些方法不能满足实际需求时，用户还可以自定义动画。在网页开发中，适当地使用动画可以使页面更加美观，进而增强用户体验。

❖学习目标

1. 使用 jQuery 中常用的动画特效，包括元素的显示与隐藏、元素的淡入和淡出以及元素的上滑和下滑等。
2. 能使用自定义动画的方法，做出更复杂的动画。

基本知识

一、显示与隐藏效果

jQuery 的 hide( ) 和 show( ) 方法来隐藏和显示 HTML 元素，显示与隐藏的语法如表 4-10 所示：

表 4-10　jQuery 显示与隐藏的语法

方法	说明
show([speed]，[callback])	显示被隐藏的匹配元素
hide([speed]，[callback])	隐藏已显示的匹配元素
toggle([speed]，[callback])	元素显示与隐藏切换

speed 参数规定隐藏或显示的速度，可以取以下值："slow""fast"或毫秒，可选的 callback 参数是隐藏或显示完成后所执行的函数名称。

二、滑动效果

jQuery 的 slideDown( )、slideUp( )、slideToggle( )分别实现元素向下、向上和向上与向下间自动切换的滑动效果，语法如表 4-11 所示。

表 4-11　jQuery 的效果方法的语法

方法	说明
slideDown([speed], [callback])	垂直滑动显示匹配元素(向下增大)
slideUp([speed], [callback])	垂直滑动显示匹配元素(向上减小)
slideToggle([speed], [callback])	在 slideUp( )和 slideDown( )两种效果间切换

speed 参数规定效果的时长。它可以取以下值："slow""fast"或毫秒。

三、停止动画

stop( )方法：

基本语法$(selector).stop(stopAll, goToEnd);

$("div").stop(); // 停止当前动画，继续下一个动画

$("div").stop(true); // 清除 div 元素动画队列中的所有动画

$("div").stop(true, true); // 停止当前动画，清除动画队列中的所有动画

$("div").stop(false, true); // 停止当前动画，继续执行下一个动画

四、淡入淡出

jQuery 的 fadeIn( )方法用于淡入已隐藏的元素，fadeOut( )方法用于淡出可见元素，fadeToggle( ) 方法可以在 fadeIn( )与 fadeOut( )方法之间进行切换。如果元素已淡出，fadeToggle( )会向元素添加淡入效果；如果元素已淡入，则 fadeToggle( )会向元素添加淡出效果，语法如表 4-12 所示。

表 4-12　jQuery 淡入淡出的语法

方法	说明
fadeIn([speed], [callback])	淡入显示匹配元素
fadeOut([speed], [callback])	淡出隐藏匹配元素
fadeTo([[speed], opacity, [callback])	以淡入淡出方式将匹配元素调整到指定的透明度
fadeToggle([speed], [callback])	在 fadeIn( )和 fadeOut( )两种效果间的切换

五、自定义动画

jQuery 的 animate( ) 方法用于执行一个基于 CSS 属性的自定义动画，用户可以为匹配的元素设置 CSS 样式，animate( )函数将会执行一个从当前样式到指定的 CSS 样式的一个过渡动画。其函数语法为：

$(selector).animate(params[, speed] [callback])

params 参数定义形成动画的 CSS 属性；speed 参数规定效果的时长。它可以取以下值："slow""fast"或毫秒；

callback 参数是动画完成后所执行的函数名称。

Animate 还可以定义相对值（该值相对于元素的当前值）。需要在值的前面加上+=或－=。

活动设计

一、活动条件

jquery-3.6.0.min.js 文件。

二、活动组织

1. 每组三人，每人选择一道例题完成。
2. 学员间互相点评。
3. 每组每位学员轮换操作。
4. 教师重申操作步骤与代码规范，要求学员举一反三。

三、活动实施

步骤	操作及效果	说明

1. 显示隐藏动画	例 4-22
	
	`<!DOCTYPE html>`
	`<html>`
	`  <head>`
	`    <meta charset="UTF-8">`
	`    <title>Document</title>`
	`    <style>`
	`      div {`
	`        width: 150px;`
	`        height: 300px;`
	`        background-color: cornflowerblue;`
	`      }`
	`    </style>`
	`    <script src="jquery-3.6.0.min.js"></script>`
	`  </head>`
	`  <body>`
	`    <button>显示</button>`
	`    <button>隐藏</button>`
	`    <button>切换</button>`
	`    <div></div>`
	`    <script>`
	`      $("button").eq(0).click(function () {`
	`        $("div").show(1000, function () {`
		1. $("button").eq(0).click(function()){{给按钮添加单击事件
		2. $("div").show(1000, function()){{给 div 标签添加 show 显示动画，速度为 1000 毫秒

(续表1)

步骤	操作及效果	说明
| | ```javascript
      alert("已显示");
    });
  });
  $("button").eq(1).click(function () {
    $("div").hide(1000, function () {
      alert("已隐藏");
    });
  });
  $("button").eq(2).click(function () {
    $("div").toggle(1000);
  });
</script>
  </body>
</html>
``` <br><br> 显示 隐藏 切换 | |
| 2. 淡入淡出动画 | 例4-23 <br> ```html
<! DOCTYPE html>
<html>
  <head>
    <meta charset="UTF-8">
    <title>Document</title>
    <style>
      * {
        margin: 0;
        padding: 0;
      }
      /* 设置最外层盒子的样式 */
      .king {
        width: 709px;
        margin: 100px auto;
        background: url(img/bg.png) no-repeat;
        overflow: hidden;
        padding: 10px;
``` | 1. * {margin: 0; padding: 0;} 清除元素的外边距 margin 和内边距 padding <br> 2. list-style: none; 取消列表的默认样式 <br> 3. $("king li"). mouseenter(function () {} 鼠标指针经过某个 li 时,执行函数 |

（续表2）

步骤	操作及效果	说明

	``css
	}
	.king ul {
	  list-style: none;
	}
	/* 设置列表的样式 * /
	.king li {
	  position: relative;
	  float: left;
	  width: 69px;
	  height: 69px;
	  margin-right: 10px;
	}
	/* 设置初始状态 * /
	.king li.current {
	  width: 224px;
	}
	.king li.current .big {
	  display: block;
	}
	.king li.current .small {
	  display: none;
	}
	/* 设置大方块样式 * /
	.big {
	  width: 224px;
	  height: 69px;
	  display: none;
	  border-radius: 5px;
	}
	/* 设置小方块样式 * /
	.small {
	  position: absolute;
	  top: 0;
	  left: 0;
	  width: 69px;
	  height: 69px;
	  border-radius: 5px;
	}
	/* 设置大小方块的背景色* /
	.red1 {
	  background: #FF3333;
	}
	.red2 {
	  background: #CC0000;```	

（续表3）

步骤	操作及效果	说明

```
            }
          .orange1 {
            background: #FFBB66;
          }
          .orange2 {
            background: #FF8800;
          }
          .yellow1 {
            background: #FFFFBB;
          }
          .yellow2 {
            background: #FFFF77;
          }
    ...
      </style>
      <script src="jquery-3.6.0.min.js"></script>
    </head>
    <body>
      <div class="king">
        <ul>
          <li class="current">
            <div class="small red1"></div>
            <div class="big red2"></div>
          </li>
          <li>
            <div class="small orange1"></div>
            <div class="big orange2"></div>
          </li>
          <li>
            <div class="small yellow1"></div>
            <div class="big yellow2"></div>
          </li>
        ...
        </ul>
      </div>
      <script>
        $(".king li").mouseenter(function () {
          // 当前小 li 宽度变为 224px，同时里面的小图片淡出，大
    图片淡入
            $(this).stop().animate({
              width: 224
            }).find(".small").stop().fadeOut().siblings("
    .big").stop().fadeIn();
            // 其余兄弟 li 宽度变为 69px，小图片淡入，大图片淡出
```

步骤	操作及效果	说明

	``
	$ (this).siblings("li").stop().animate({
	    width: 69
	  }).find(".small").stop().fadeIn().siblings("
	.big").stop().fadeOut();
	  });
	  </script>
	 </body>
	</html>
	``	

3. 自定义动画	例4-24
	``html
	<! DOCTYPE html>
	<html>
	  <head>
	    <meta charset="UTF-8">
	    <title>Document</title>
	    <style>
	      div {
	        width: 100px;
	        height: 100px;
	        background-color: deepskyblue ;
	        position: absolute;
	      }
	    </style>
	    <script src="jquery-3.6.0.min.js"></script>
	  </head>
	  <body>
	    <button>动起来</button>
	    <div></div>
	    <script>
	      $ ("button").click(function () {
	        $ ("div").animate({ left: 200, top: 150, opacity:
	.4, width: 500 }, 500);
	      });
	    </script> </body>
	</html>
	``	

（续表5）

步骤	操作及效果	说明
4. 程序编制	根据所学知识，使用 jQuery 中完成显示与隐藏、元素的淡入和淡出动画。使用自定义动画的方法，做出个性化更复杂的动画	自主编写程序
5. 程序运行	小组互评，展示部分学生作品	任务结果展示
6. 师生交互	请通过实验，总结实验心得	回答问题 提出问题

四、任务完成评价表

班级		学号		学生姓名		
内容				评价		
能力目标		评价项目		5	3	2
知识能力	网页设计	能使用 jQuery 中完成显示与隐藏、元素的淡入和淡出动画				
		使用自定义动画的方法，做出个性化更复杂的动画				
素质能力	欣赏能力					
	独立构思能力					
	发现问题、解决问题的能力					
	自主学习的能力					
	组织能力					
	小组协作能力					

知识拓展

1. 事件绑定的快捷方式
缺点：绑定的事件，无法取消。

```
$("button").eq(0).click(function(){
    alert(1);
})
```

2. 使用 on() 绑定事件
① 使用 on 进行单事件绑定

```
$("button: eq(0)").on("click", function(){
    alert(1);
});
```

② 使用 on：一次性给同一节点添加多个事件，执行同一函数，多个事件之间空格分隔

```
$("button: eq(0)").on("click mouseover
dblclick", function(){
    console.log("触发了事件");
});
```

③ 使用 on：一次性给同一节点添加多个事件，分别执行不同函数 */
复制代码

```
$("button: eq(0)").on({
    "click": function(){
        console.log("执行了 click 事件");
    },
    "mouseover": function(){
        console.log("执行了 mouseover 事件");
    }
});
```

复制代码
④ 调用函数时，同时给函数传入指定参数

```
$("button: eq(0)").on("click", {name:"jredu",
age: 14}, function(evn){
    console.log(evn);
    console.log(evn.data.name);
    console.log(evn.data.age);
});
```

任务 4.3　jQuery AJAX

职业能力 4.3.1　在网页中使用 AJAX

❖**核心概念**

　　AJAX 即"Asynchronous Javascript And XML"（异步 JavaScript 和 XML），是指一种创建交互式网页应用的网页开发技术。通过在后台与服务器进行少量数据交换，AJAX 可以使网页实现异步更新。这意味着可以在不重新加载整个网页的情况下，对网页的某部分进行更新。

　　jQuery 提供多个与 AJAX 有关的方法。通过 jQuery AJAX 方法，能够使用 HTTP Get 和 HTTP Post 从远程服务器上请求文本、HTML、XML 或 JSON，同时把这些外部数据直接载入网页的被选元素中。

❖**学习目标**

　　1. 了解 AJAX 的作用。
　　2. 掌握 jQuery 中 AJAX 的语法格式和常用数据格式 JSON。

基本知识

一、jQuery 中 AJAX 的基本语法

jQuery 提供多个与 AJAX 有关的方法，ajax( ) 方法用于执行 AJAX（异步 HTTP）请求。
$ .ajax 的基本语法：

```
$ .ajax({
        url:"发送请求(提交或读取数据)的地址",
        dataType:"预期服务器返回数据的类型",
        type:"请求方式",
        async:"true/false",
        data: {发送到/读取后台(服务器)的数据},
        success: function(data){请求成功时执行},
        error: function(){请求失败时执行}
});
```

（1）url 默认为当前页地址
（2）dataType 可用类型：
xml：返回 XML 文档，可用就 jQuery 处理。
html：返回纯文本 HTML 信息。
script：返回纯文本 JavaScript 代码。
json：返回 json 数据。

jsonp：(JSON with Padding)是 json 的一种"使用模式"，可以让网页从别的域名(网站)那获取资料，即跨域读取数据。

text：返回纯文本字符串。

如果不指定，jQuery 将自动根据 http 包 mime 信息返回 responseXML 或 responseText，并作为回调函数参数传递。

(3)type 可用类型，主要为 post 和 get 两种(默认为 get)

get：从指定的资源请求数据(从服务器读取数据)。

post：向指定的资源提交要被处理的数据(向服务器提交数据)。

(4)async 异步方式，默认为 true，即异步方式。当设置为 false 时，为同步方式。

异步方式：ajax 执行后，不管 ajax 的执行请求有没有返回，代码都会继续往下执行，允许页面继续其他进程并处理可能的回复。

同步方式：只有 ajax 请求完成，返回数据之后，代码才能继续往下执行，脚本会停留并等待服务器发送回复然后再继续。

(5)data 请求的数据，¦¦中可以填入多项数据。如果不填(一般为 get 请求)，则读取对应地址的全部数据。

(6)success 和 error 两个函数

一般需要设置，用于确定请求是否成功，以及请求成功后的提示或是对数据的处理和显示。

二、load( )方法

在 jQuery 中，$ .ajax( )方法属于最底层的方法，第 2 层是 load( )，$ .get( )，和 $ .post ( )。load( ) 方法通过 AJAX 请求从服务器加载数据，并把返回的数据放置到指定的元素中，语法格式如下：

```
$ (selector).load(url, data, function(response, status, xhr))
```

url：规定要将请求发送到哪个 URL

data：可选。规定连同请求发送到服务器的数据，通常情况下如果只是简单的请求数据这个参数可以忽略。

function(response, status, xhr)：可选。规定当请求完成时运行的函数。

三、get( )和 post( )方法

load( )通常是从 web 服务器上获取静态的数据文件，如果需要传递一些参数给服务器中的页面，可以使用 $ .get( ) 方法和 $ .post( )方法。

语法格式：

```
$ .get( url, [ data ], [ callback ], [ type ])
$ .post( url, [ data ], [ callback ], [ type ])
```

参数说明见表 4-13。

表 4-13　get( )和 post( )方法参数说明

参数	描述
url	必需。规定将请求发送的哪个 URL。
data	可选。规定连同请求发送到服务器的数据。
callback	可选。规定当请求成功时运行的函数。额外的参数： · response：包含来自请求的结果数据 · status：包含请求的状态 · xhr：包含 XMLHttpRequest 对象
dataType	可选。规定预计的服务器响应的数据类型。默认地，jQuery 将智能判断。可能的类型："xml""html""text""script""json""jsonp"。

get( )与 post( )的区别：

用 get 方式可传送简单数据，但大小一般限制在 1KB 下，数据追加到 url 中发送（http 的 header 传送），也就是说，浏览器将各个表单字段元素及其数据按照 URL 参数的格式附加在请求行中的资源路径后面。另外最重要的一点是，它会被客户端的浏览器缓存起来，那么，别人就可以从浏览器的历史记录中，读取到此客户的数据，比如账号和密码等。因此，在某些情况下，get 方法会带来严重的安全性问题。

当使用 post 方式时，浏览器把各表单字段元素及其数据作为 HTTP 消息的实体内容发送给 Web 服务器，而不是作为 URL 地址的参数进行传递，使用 post 方式传递的数据量要比使用 get 方式传送的数据量大得多。

总之，get 方式传送数据量小，处理效率高，安全性低，会被缓存，而 post 反之。

活动设计

一、活动条件

jquery-3.6.0.min.js 和 test.txt（内容可自行编辑）文件。

二、活动组织

1. 每组三人，每人选择一道例题完成。
2. 学员间互相点评。
3. 每组每位学员轮换操作。
4. 教师重申操作步骤与代码规范，要求学员举一反三。

三、活动实施

步骤	操作及效果	说明

1. 获取文本文档数据	例 4-25
	`<! DOCTYPE html>`
	`<html>`
	`  <head>`
	`    <meta charset ="UTF-8">`	

（续表1）

步骤	操作及效果	说明

```html
    <title></title>
  </head>
  <body>
    <script src="jquery-3.6.0.min.js"></script>
    <script >
      $ .ajax({
        type:"get",
        url:"data.txt",
        success: function(data){
          console.log(data);
        }
      });
    </script>
  </body>
</html>
```

data.txt

```
{
  "userId": 1,
  "userName":"张三",
  "userAge": 19
}
{
  "userId": 2,
  "userName":"李四",
  "userAge": 17
}
{
  "userId": 31,
  "userName":"王五",
  "userAge": 20
}
```

（续表2）

步骤	操作及效果	说明

2. 动态获取文本文档数据	例4-26
	
	`<! DOCTYPE html>`
	`<html>`
	`<head>`
	`  <meta charset="UTF-8">`
	`  <title>AJAX-load()</title>`
	`< script  type = " text/JavaScript "  src = " jquery -`
	`3.6.0.min.js"></script>`
	`<script type="text/JavaScript">`
	`$(document).ready(function(){`
	`    $("button").click(function(){`
	`        $("#div1").load("img/test.txt");`
	`    });`
	`});`
	`</script>`
	`</head>`
	`<body>`
	`<div id="div1"><h2>div 标签</h2></div>`
	`<button>获取文本文档内容</button>`
	`</body>`
	`</html>`
	
	浏览器窗口标题：AJAX-load()，地址：127.0.0.1:8020/4.1.2/L4-2...
	页面内容：这是文本文件中的内容
	按钮：获取文本文档内容	

3. 发送 get 请求	例4-27
	
	`<! DOCTYPE html>`
	`<html>`
	`<head>`
	`  <meta charset="UTF-8">`
	`  <title>AJAX-$.get()</title>`
	`<script  type = " text/JavaScript "  src = " jquery -`
	`3.6.0.min.js"></script>`
	`<script type="text/JavaScript">`
	`$(document).ready(function(){`
	`    $("button").click(function(){`
	`        $.get("./test.php", function(data, status){`
	`            alert("返回数据: " + data + "\ \n 请求状态: " +`
	`status);`	

（续表3）

步骤	操作及效果	说明
	｝）； 　｝）； 　｝）； </script> </head> <body> <button>发送 get 请求</button> </body> </html>	
4. 程序编制	根据所学知识，自主编辑文本文件，使其能通过 AJAX 被网页识别	自主编写程序
5. 程序运行	小组互评，展示部分学生作品	任务结果展示
6. 师生交互	请通过实验，总结三种 JS 引入方式的优先规则	回答问题 提出问题

四、任务完成评价表

班级		学号		学生姓名		
内容				评价		
能力目标		评价项目		5	3	2
知识能力	网页设计	能获取文本文件内容				
		能在网页呈现文本文件内容				
素质能力	欣赏能力					
	独立构思能力					
	发现问题、解决问题的能力					
	自主学习的能力					
	组织能力					
	小组协作能力					

☞ **知识拓展**

JSON 格式介绍

　　JSON（javascript object notation）是一种轻量级的数据交换格式。易于人阅读和编写。同时也易于机器解析和生成。JSON 采用完全独立于语言的文本格式，但是也使用了类似于 C 语言家族的习惯（包括 C、C++、C#、Java、JavaScript、Perl、Python 等）。这些特性使 JSON 成为理想的数据交换语言。

JSON 建构于两种结构：

"名称/值"对的集合（A collection of name/value pairs）。不同的语言中，它被理解为对象（object）、纪录（record）、结构（struct）、字典（dictionary）、哈希表（hash table）、有键列表（keyed list）、关联数组（associative array）、值的有序列表（An ordered list of values）。在大部分语言中，它被理解为数组（array）。

这些都是常见的数据结构。事实上大部分现代计算机语言都以某种形式支持它们。这使得一种数据格式在同样基于这些结构的编程语言之间实现交换成为可能。

模块五
响应式开发技术

任务 5.1　Bootstrap 基本架构

职业能力 5.1.1　在页面中引入 Bootstrap

※核心概念

　　响应式开发：指网站可以兼容不同的终端，实现不同屏幕分辨率的终端上浏览网页的不同展示方式。通过响应式设计能使网站在手机和平板电脑上有更好的浏览阅读体验。

　　Bootstrap：Twitter 的一个开源框架，而且可以从 GitHub 上自由下载，Bootstrap 推崇"移动优先"（Mobile First）的设计理念，还支持动态调整网页布局、创建响应式网站，是目前最受欢迎的前端框架。

　　断点（Breakpoints）响应式设计的组成部分，通过断点可以控制何时可以在特定视口（viewport）或设备尺寸下调整布局。

　　视口（viewport）指网页中看到的部分。视口的作用是在移动浏览器中，当页面宽度超出设备，浏览器内部会虚拟的一个页面容器，将页面容器缩放到适应设备宽度，然后展示。

※学习目标

　　1. 了解 Bootstrap 框架。
　　2. 掌握 Bootstrap 安装及配置。

基本知识

一、响应式开发的流程

　　1. 下载 bootstrap 的文件包

　　在 Bootstrap 官网（www.bootcss.com），提供了两个版本的 Bootstrap 文件包下载。其一是已编译版：指已编译好的 js 和 css 文件，包含所有的已编译文件，可以整体引入框架，

也可以部分引入需要的框架组件。其二是源码版：指可以根据需要修改源码后，重新编译出定制版的 Bootstrap，本教材使用已编译版。

2. 引入 Bootstrap 包

下载的已编译版解压缩后，将其复制到自己的网站目录。在网页的 head 之中添加 viewport meta 标签，如下所示：

```
<meta name="viewport" content="width=device-width, initial-scale=1">
```

width 属性控制设备的宽度。设置为 device-width 时，当网站被不同屏幕分辨率的设备浏览能正确呈现。

initial-scale=1.0 表示网页加载时，以 1:1 的比例呈现，不会有任何的缩放。

3. 引入 css 和 js

在< meta >下面，添加如下代码：

```
<link href="bootstrap-5.1.3-dist/css/bootstrap.min.css" rel="stylesheet">
<script src="bootstrap-5.1.3-dist/js/bootstrap.bundle.min.js"></script>
```

注意：要确保 bootstrap.min.css 和 bootstrap.bundle.min.js 确实在上述路径，否则要按照实际路径写。

二、响应式开发的原理

查询当前屏幕(媒介媒体)的宽度，针对不同的屏幕宽度设置不同的样式到来适应。当用户重置浏览器大小，页面也会根据浏览器的宽度和高度重新渲染页面。一般会对常见的设备尺寸进行划分后，再分别确定为不同的尺寸的设备设计专门的布局方式，如表 5-1 所示。

表 5-1　断点划分

断点	类中标识	分辨率
X-Small(超小，一般是手机)	None	<576px
Small(小，平板或者老笔记本)	sm	≥576px
Medium(中，窄屏电脑)	md	≥768px
Large(大，宽屏电脑)	lg	≥992px
Extra large(超大，宽屏电脑)	xl	≥1200px
Extra extra large(特大，高清电脑或广告设备)	xxl	≥1400px

三、常用属性

影响元素之间的间距可以通过 style 的 margin 或 padding 属性来实现，但这两个属性本意并不相同：margin 影响的是本元素与相邻外界元素之间的距离，这里简称外边距；padding 影响的元素本身与其内部子元素之间的距离，简称为内填充。

bootstrap 提供了简写的 class 名，分为以 m-开头和 p-开头的类。

1. 影响距离大小的值有 0，1，2，3，4，5，auto

（1）margin 值如表 5-2 所示。

表 5-2 margin 类

class 名	等价的 style
m-0	等价于{margin：0！important}
m-1	等价于{margin：0.25rem！important}
m-2	等价于{margin：0.5rem！important}
m-3	等价于{margin：1rem！important}
m-4	等价于{margin：1.5rem！important}
m-5	等价于{margin：3rem！important}
m-auto	等价于{margin：auto！important}

（2）padding 值如表 5-3 所示。

表 5-3 padding 类

class 名	等价的 style
p-0	等价于{padding：0！important}
p-1	等价于{padding：0.25rem！important}
p-2	等价于{padding：0.5rem！important}
p-3	等价于{padding：1rem！important}
p-4	等价于{padding：1.5rem！important}
p-5	等价于{padding：3rem！important}
p-auto	等价于{padding：auto！important}

2. 调整某一侧的边距

调整某一侧的边距，可使用代表方向的缩写，t、b、l、r、x、y 含义分别是 top、bottom、left、right、left 和 right、top 和 bottom。

".mx-"".my-"".mb-"".mt-"".ms-"".me-" 可设置各个方向的 margin，".p-" 设置 padding 同上。例：".pt-5" 的意思是"添加一个大的顶部填充"。

四、Bootstrap 布局容器

容器是 Bootstrap 中最基本的布局元素，容器用于在其中容纳、填充一些内容。容器有三种不同的类型：

（1）container 类

默认容器，是 Bootstrap 预定义好的类，其宽度为在每个响应断点处之前，都是前一个断点的最大宽度，用于固定宽度并且支持响应式布局，两端会有留白，自带左右 padding 值 15px。

例：`<div class="container"></div>`

（2）container-fluid 类

流式布局容器，百分百宽度，占据全部视口（viewport）的容器，始终占浏览器宽度的

100%，没有留白，适合单独做移动端开发。

例：`<div class="container-fluid"></div>`

默认情况下，容器有左右填充（左右内边距），没有顶部或底部填充（上下内边距）。

（3）container-｛breakpoint｝

这种容器的宽度取决于设置的断点的值，如果大于断点的宽度，则按照断点宽度的值，否则就是父元素宽度的100%。

默认情况下，容器没有任何背景颜色或边框。但是，可根据需要应用自己的样式，或者 Bootstrap 也提供了一些边框（border）和颜色（bg-dark、bg-primary 等）类用于设置容器的样式。

☞ 活动设计

一、活动条件

bootstrap 的文件包。

二、活动组织

1. 每组三人，每人选择例题 5-1 中两个`<div>`标签。
2. 观察两种容器类的区别。
3. 每组每位学员练习例题 5-2。
4. 教师重申操作步骤与代码规范，要求学员举一反三。

三、活动实施

步骤	操作及效果	说明
1. 容器类使用	例 5-1 ``` <!DOCTYPE html> <html lang="zh-CN"> <head> <meta charset="utf-8" /> <meta name="viewport" content="width=device-width, initial-scale=1"> <link href=" bootstrap - 5.1.3 - dist/css/bootstrap.min.css" rel="stylesheet"> <script src=" bootstrap - 5.1.3 - dist/js/bootstrap.bundle.min.js"></script> <title></title> </head> <body> <div class="container p-5 my-5 border">Hello World!</div> <div class="container my-5 bg-dark text-white">Hello World! </div> ```	1. p-5 等价于｛padding: 3rem！important｝ 2. my-5 等价于｛margin-top: 3rem！important; margin-bottom: 3rem！important｝ 3. border: Bootstrap 也提供了一些边框 4. bg-dark、text-white 类用于设置容器的样式为深色背景，白色文字 5. bg-primary 蓝色背景，等价于｛background-color: #337ab7;｝

(续表1)

步骤	操作及效果	说明

	`<div class="container p-5 bg-primary text-white">Hello World! </div>`
	　　`<div class="container-fluid my-5 border">Hello World! </div>`
	　　`<div class="container-fluid pt-5 bg-dark text-white">Hello World! </div>`
	　　`<div class="container-fluid p-5 my-5 bg-primary text-white">Hello World! </div>`
	　`</body>`
	`</html>`
	
	（图：浏览器运行效果，显示多个"Hello World!"区块）	

2. 响应式容器划分	例5-2
	`<! DOCTYPE html>`
	`<html lang="en">`
	　`<head>`
	　　`<meta charset="utf-8" />`
	　　`<meta name="viewport" content="width=device-width, initial-scale=1">`
	　　`<link href="bootstrap-5.1.3-dist/css/bootstrap.min.css" rel="stylesheet">`
	　　`<script src="bootstrap-5.1.3-dist/js/bootstrap.bundle.min.js"></script>`
	　　`<title></title>`
	　`</head>`
	　`<body>`
	　　`<div class="container">`
	　　　`<h1>响应式容器</h1>`
	　　　`<p>调整浏览器窗口的大小以查看效果。</p>`
	　　`</div>`
	　　`<div class="container-sm border">.container-sm</div>`
		1. container-sm 的宽度为100%，直到到达 sm 断点，它将随着到达 md, lg、xl 和 xxl 向上扩展

（续表2）

步骤	操作及效果	说明

	`<div class="container-md mt-3 border">.container-md </div>`
	`<div class="container-lg mt-3 border">.container-lg </div>`
	`<div class="container-xl mt-3 border">.container-xl </div>`
	`</body>`
	`</html>`
	
	响应式容器
	调整浏览器窗口的大小以查看效果。
	.container-sm
	.container-md
	.container-lg
	.container-xl	

3. 程序编制	根据所学知识，将容器应用于网页文件中，并对文本显示做个性化处理	自主编写程序
4. 程序运行	小组互评，展示部分学生作品	任务结果展示
5. 师生交互	请通过实验，总结三种容器类的选用	回答问题 提出问题

四、任务完成评价表

班级		学号		学生姓名		
内容				评价		
能力目标		评价项目		5	3	2
知识能力	网页设计	能使用3种类添加容器				
		能设置容器内外边距。				
素质能力		欣赏能力				
		独立构思能力				
		发现问题、解决问题的能力				
		自主学习的能力				
		组织能力				
		小组协作能力				

知识拓展

Bootstrap5 目前是 Bootstrap 的最新版本，是一套用于 HTML、CSS 和 JS 开发的开源工具集。它支持 Sass 变量和 mixins、响应式网格系统、大量的预建组件和强大的 JavaScript 插件，帮助快速设计和自定义响应式、移动设备优先的站点。其优点如下：

容易上手：只要对 HTML 和 CSS 有基本了解的人都可以很快速的使用 Bootstrap。

响应式设计：Bootstrap 可以根据不同平台(手机、平板电脑和台式机)进行调整。

移动优先：在 Bootstrap 中，自适应移动端是框架的核心部分。

浏览器兼容性：Bootstrap5 兼容所有主流浏览器(Chrome、Firefox、Edge、Safari 和 Opera)。如果需要支持 IE11 及以下版本，请使用 Bootstrap4 或 Bootstrap3。

职业能力 5.1.2　使用 Bootstrap 的栅格系统搭建网页结构

❀核心概念

栅格系统(Grid Systems)，通过一系列的行(row)与列(column)的组合来创建页面布局，它是一种清晰、工整的设计风格。Bootstrap 包含了一个响应式的、移动设备优先的、不固定的网格系统，可以随着设备或视口大小的增加而适当地扩展到 12 列。

❀学习目标

1. 了解 Bootstrap 网格系统的工作原理。
2. 掌握 Bootstrap 网格响应式布局。

基本知识

一、Bootstrap5 网格系统规则：

网格系统的实现原理也很简单，它是通过定义容器大小，平分 12 份(默认)，再调整内外边距，最后结合媒体查询，就制作出了强大的响应式网格系统。网格每一行需要放在容器中，使用行来创建水平的列组，内容放置在列中，并且只有列可以是行的直接子节点。网格列是通过跨越指定的 12 个列来创建，允许创建跨任意数量列的不同元素组合。列类指示要跨越的模板列数(例如，col-4 即跨越 4 个列，col-6 即跨越 6 个列)，宽度是按百分比设置的。若在行内(即类名为 row 的盒子)的列数超过 12，则超越的列另起一行显示。Bootstrap5 的网格系统也可以配合断点使用，例如 col-lg-4，即在视口宽度大于 960px 时才会生效。列样式如表 5-4：

表 5-4　列样式

col-1	1	1	1	1	1	1	1	1	1	1	1	1
col-3	3			3			3			3		
col-4	4				4				4			
col-6	6						6					
col-12	12											

二、列偏移

列偏移是通过类名（.col-offset-＊-＊）来设置的，第一个＊号设置屏幕设备类型，如 sm、md、lg、xl 或 xxl，第二个＊号为 0~11 的数值，除了在响应断点处清除列之外，还可能需要重置偏移量，所以配合断点可以很好得设置在不同视口宽度下的容器样式。

三、列顺序

通过类（.order）来控制内容的可视顺序。这些类是响应式的，因此可以配合网格类使用，如（.order-md-1 .order-md-3）。

四、对齐方式

网格中的内容，在水平和垂直方向上的位置，可使用表 5-5 中代码设置。

表 5-5　对齐样式

代码	含义
align-items-start	垂直方向顶部对齐
align-items-center	垂直方向中间对齐
align-items-end	垂直方向底部对齐
align-self-start	水平方向左侧对齐
align-self-center	水平方向中间对齐
align-self-end	水平方向右侧对齐

活动设计

一、活动条件

bootstrap 的文件包。

二、活动组织

1. 每组二人，每人从 5-3、5-4 例题中选择一道完成。
2. 观察两道例题的区别。
3. 每组每位学员练习例题 5-5。
4. 教师重申操作步骤与代码规范，要求学员举一反三。

三、活动实施

步骤	操作及效果	说明
1. 创建相等宽度的列	例5-3 (见下方代码及效果)	

例5-3

```html
<! DOCTYPE html>
<html lang="en">
  <head>
    <meta charset="utf-8" />
    <meta name="viewport" content="width=device-width, initial-scale=1">
    <link href="bootstrap-5.1.3-dist/css/bootstrap.min.css" rel="stylesheet">
    <script src="bootstrap-5.1.3-dist/js/bootstrap.bundle.min.js"></script>
    <title></title>
  </head>
  <body>
    <div class="container-fluid mt-3">
      <h1>创建相等宽度的列</h1>
      <p>创建三个相等宽度的列！尝试在 class="row" 的 div 中添加新的 class="col" div，会显示四个等宽的列。</p>
      <div class="row">
        <div class="col p-3 bg-primary text-white">.col</div>
        <div class="col p-3 bg-dark text-white">.col</div>
        <div class="col p-3 bg-primary text-white">.col</div>
      </div>
    </div>
  </body>
</html>
```

创建相等宽度的列

创建三个相等宽度的列！尝试在 class="col" 的 div 中添加新的 class="col" div，会显示四个等宽的列。

.col   .col   .col

（续表1）

步骤	操作及效果	说明

2. 创建响应式等宽列	例 5-4
	
	``html
	<!DOCTYPE html>
	<html lang="en">
	  <head>
	    <meta charset="utf-8" />
	    <meta name="viewport" content="width=device-width, initial-scale=1">
	      <link href="bootstrap-5.1.3-dist/css/bootstrap.min.css" rel="stylesheet">
	      <script src="bootstrap-5.1.3-dist/js/bootstrap.bundle.min.js"></script>
	    <title></title>
	  </head>
	  <body>
	    <div class="container-fluid mt-3">
	      <h1>等宽响应式列</h1>
	      <p>重置浏览器大小查效果。</p>
	      <p>在移动设备上，即屏幕宽度小于 576px 时，四个列将会上下堆叠排版。</p>
	      <div class="row">
	        <div class="col-sm-3 p-3 bg-primary text-white">.col</div>
	        <div class="col-sm-3 p-3 bg-dark text-white">.col</div>
	        <div class="col-sm-3 p-3 bg-primary text-white">.col</div>
	        <div class="col-sm-3 p-3 bg-dark text-white">.col</div>
	      </div> </div>
	</body> </html>
	``
	
	图 1
		1. 图 1 为创建响应式等宽列（宽）
		2. 图 2 为创建响应式等宽列（窄）

（续表2）

步骤	操作及效果	说明
	  图 2	

3. 响应式布局	例 5-5
	
	``html
	<! DOCTYPE html>
	<html>
	  <head>
	      <meta charset="utf-8" />
	      <meta name="viewport" content="width=device-width, initial-scale=1">
	      <link href=" bootstrap-5.1.3-dist/css/bootstrap.min.css" rel="stylesheet">
	      <script src=" bootstrap-5.1.3-dist/js/bootstrap.bundle.min.js"></script>
	      <title>bootstrap</title>
	  <style>
	  .col1{ background-color: red; }
	  .col2{ background-color: blue; }
	  .col3{background-color: orange; }
	  .col4{background-color: pink; }
	  hr{border: 1px solid gray; }
	  </style>
	</head>
	<body>
	 <h1>响应式效果</h1>
	 <! -- 常用设备尺寸：小于 768 超小屏幕 [768，992)小屏幕
	[992，1200)中等屏幕 大于 1200 大屏幕 -->
	      <div class="container">
	``	

（续表3）

步骤	操作及效果	说明
| | ```html
<! -- 默认独占一行 -->
<div class="row">
  <div class="col1">col1</div>
  <div class="col2">col2</div>
  <div class="col3">col3</div>
  <div class="col4">col4</div>
</div>
<hr>
```<br>`<! -- 根据屏幕尺寸变化，当到达临界值时会自动适应，匹配相应的设置，实现响应式布局 -->`<br>```html
<div class="row">
  <div class="col1 col-3 col-sm-2 col-md-1 col-lg-3">col1</div>
  <div class="col2 col-3 col-sm-2 col-md-1 col-lg-3">col2</div>
  <div class="col3 col-3 col-sm-2 col-md-1 col-lg-3">col3</div>
  <div class="col4 col-3 col-sm-2 col-md-1 col-lg-3">col4</div>
</div>
<hr>
```<br>`<! -- 如果自定义的网格数总和大于12，则多余的单元格另起一行 -->`<br>```html
<div class="row">
  <div class="col1 col-3 col-sm-2 col-md-1 col-lg-2">col1</div>
  <div class="col2 col-3 col-sm-2 col-md-1 col-lg-1">col2</div>
  <div class="col3 col-3 col-sm-2 col-md-1 col-lg-3">col3</div>
  <div class="col4 col-3 col-sm-2 col-md-1 col-lg-6">col4</div>
</div>
<hr>
```<br>`<! -- 可以自定义每列的网格数，可以不相同 -->`<br>```html
<div class="row">
  <div class="col1 col-3 col-sm-2 col-md-1 col-lg-5">col1</div>
  <div class="col2 col-3 col-sm-2 col-md-1 col-lg-5">col2</div>
``` | |

(续表4)

步骤	操作及效果	说明

	``html
	<div class="col3 col-3 col-sm-2 col-md-1 col-lg-3">col3</div>
	<div class="col4 col-3 col-sm-2 col-md-1 col-lg-6">col4</div> </div><hr>
	<!-- 较大尺寸未设置时，默认继承较小尺寸 -->
	<div class="row">
	<div class="col1 col-3 col-sm-2 ">col1</div>
	<div class="col2 col-3 col-sm-2 ">col2</div>
	<div class="col3 col-3 col-sm-2 ">col3</div>
	<div class="col4 col-3 col-sm-2 ">col4</div> </div><hr>
	<!-- 较小尺寸未设置时，默认独占一行 -->
	<div class="row">
	<div class="col1 col-sm-2 ">col1</div>
	<div class="col2 col-sm-2 ">col2</div>
	<div class="col3 col-sm-2 ">col3</div>
	<div class="col4 col-sm-2 ">col4</div> </div> </div>
	</body>
	</html>
	``
	
	<div style="text-align:center">图 1</div>
		1. 图 1 为响应式布局(窄)
		2. 图 2 为响应式布局(宽)

（续表5）

步骤	操作及效果	说明
	 图 2	
4. 程序编制	根据所学知识，将栅格系统应用于网页布局中，并对布局做个性化处理	自主编写程序
5. 程序运行	小组互评，展示部分学生作品	任务结果展示
6. 师生交互	请通过实验，总结栅格系统应用于网页布局体会	回答问题 提出问题

四、任务完成评价表

班级		学号		学生姓名		
内容					评价	
能力目标		评价项目		5	3	2
知识能力	网页设计	能使用栅格系统进行简单网页布局				
		能灵活运用栅格系统进行复杂网页布局				
素质能力	欣赏能力					
	独立构思能力					
	发现问题、解决问题能力					
	自主学习的能力					
	组织能力					
	小组协作能力					

👉 知识拓展

媒体查询是非常别致的"有条件的 CSS 规则"。它只适用于一些基于某些规定条件的 CSS。如果满足那些条件，则应用相应的样式。

Bootstrap 中的媒体查询允许开发者基于视口大小移动、显示并隐藏内容。下面的媒体查询在 LESS 文件中使用，用来创建 Bootstrap 网格系统中的关键的分界点阈值。

任务 5.2　Bootstrap 样式

职业能力 5.2.1　使用 Bootstrap 的文本与颜色样式

◈核心概念

> Bootstrap 样式：在 HTML 中，可以使用不同的标签来定义不同的文本样式，例如文字的大小、粗体、删除线等。Bootstrap 通过覆写元素的默认样式，实现对页面布局的优化，让页面在用户面前呈现得更加美观。

◈学习目标

> 1. 掌握 Bootstrap 文本设置。
> 2. 掌握 Bootstrap 颜色范式。

☞基本知识

一、Bootstrap 5 默认文本样式

Bootstrap 5 默认的 font-size 为 16px，line-height 为 1.5。默认的 font-family 为"Helvetica Neue"、Helvetica、Arial、sans-serif。此外，所有的 <p> 元素 margin-top 为 0，margin-bottom 为 1rem（16px）。

Bootstrap 在 HTML 的基础上，进一步做了一定的样式修改，主要目的是为了美观。样式发生明显修改的元素主要包括标题和标注文字。元素的样式不是一成不变的，可能会随着浏览器的修改或者 Bootstrap 的修改而产生变动。

二、Bootstrap 5 文本设置

用户在浏览网页时最先关注的就是文章的标题，Bootstrap 和普通的 HTML 页面一样，都是使用<h1>到<h6>标签来定义标题。同时 Bootstrap 还提供了一系列 display 类来设置标题样式。

1. 设置标题

在 Bootstrap 中对<h1>到<h6>标签默认样式进行了覆盖。需要注意的是，元素的样式是会随着浏览器的修改而进行变动的，这可以使元素在不同的浏览器下显示一样的效果。也可以使用类名来实现标题效果，在 Bootstrap 中定义了六个类名 h1 到 h6 来让非标题元素实现标题效果，与<h1>~<h6>不同的是使用类名 h1 到 h6 的文本段不会视作 HTML 的标题元素，没有标题的含义。如果想要将传统的标题元素设计得更加美观、醒目，来迎合网页内容。还可以使用 Bootstrap 中提供的一系列 display 类来设置标题样式。

2. 设置副标题

在 Web 开发中，我们常常会遇到一个标题后面紧跟着一行小的副标题的形式。当然，在 Bootstrap 中也考虑到了这种布局形式，可以使用<small>标签来实现副标题效果。

3. 文本类

段落<p>元素是网页布局中的重要组成部分，在 Bootstrap 中为文本设置了一个全局的正文文本样式，包括对字体和字号、行高、颜色的基础设置。Bootstrap 中还提供了一些常用的内联元素来对文本进行强化突显重要内容，以实现风格统一、布局美观的效果，如表 5-6 所示。

表 5-6　文本样式

标签	描述
<b>和<strong>	文本加粗
<del>和<s>	删除线
<ins>和<u>	下划线
<em>和<i>	斜体
<blockquote>	引用块，长引用
<mark>	标记，高亮显示
<address>	表示地址
<footer>	出处
<cite>	出处
<abbr>	缩略语，鼠标悬停在该文本上时，显示 title 的属性值
<pre>	预格式化文本
<kbd>	键盘输入文本

针对上表中的内联元素进行介绍。

● <b>和<strong>默认情况下是加粗字体。前者是给其包裹的文本设置为 bold 粗体效果。而后者表示加强字符的语气，使用 bold 粗体来起到强调的作用。

● <del>和<s>都可以实现删除效果，但是<del>更具有语义化，能更形象地描述删除意思。

● <strong>和<em>具有强调作用。

● <ins>和<u>都可以实现下划线效果，但是前者通常与<del>一起使用。用来定义已经被插入文档中的文本，而后者表示为文本添加下划线。

● <footer>和<cite>通常表示所包含的文本对某个参考文献的引用，区别在于后者引用的文本将以斜体显示。

4. 更多排版类

在网页布局中经常会用到文本对齐方式，在 CSS 中常常使用 text-align 属性来设置文本对齐方式。在 Bootstrap 中，为了简化操作、方便开发者使用，Bootstrap 提供了一系列的文本对齐样式和大小写相关的样式，具体见表 5-7。

表5-7　排版类

类名	描述
. lead	让段落更突出
. text-start	左对齐
. text-center	居中
. text-end	右对齐
. text-justify	设定文本对齐，段落中超出屏幕部分文字自动换行
. text-nowrap	段落中超出屏幕部分不换行
. text-lowercase	设定文本小写
. text-uppercase	设定文本大写
. text-capitalize	设定单词首字母大写
. list-unstyled	移除默认的列表样式，列表项中左对齐（ <ul> 和 <ol> 中）。这个类仅适用于直接子列表项（如果需要移除嵌套的列表项，需要在嵌套的列表中使用该样式）
. list-inline	将所有列表项放置同一行

三、颜色范式

Bootstrap 为我们定义了多种颜色范式，如下所示：

Primary：首选色重要的色，默认为蓝色。

Secondary：次要色，默认为灰色。

Success：成功色，默认为绿色。

Info：一般信息色，默认为浅蓝色。

Warning：提示信息，默认为浅黄色。

Danger：危险提示色，默认为浅红色。

Light：为浅灰色。

Dark：为深灰色。

文本颜色设置使用 . text- * 类，背景色设置使用 . bg-类。. text-white-数值和 . text-black-数值可设置颜色的透明度效果，后面的数值表示的是透明度。设置文本颜色透明度为 50% ，使用 . text-black-50 或 . text-white-50 类。每个组件的颜色也都对应着这些范式。如声明一个 Button 组件，采用 Primary 范式，就要在类里添加 btn-primary。默认的颜色在 Bootstrap 源码中是可以更改的，详见本节知识拓展部分。

活动设计

一、活动条件

bootstrap 的文件包。

二、活动组织

1. 每组三人，每人选择一道例题完成。

2. 观察样式类的应用方法。

3. 每组每位学员交换操作。

4. 教师重申操作步骤与代码规范，要求学员举一反三。

三、活动实施

步骤	操作及效果	说明
1. 文本样式	例 5-6 `<! DOCTYPE html>` `<html lang="en">` `  <head>` `    <meta charset="utf-8" />` `    <meta name="viewport" content="width=device-width, initial-scale=1">` `      <link href="bootstrap-5.1.3-dist/css/bootstrap.min.css" rel="stylesheet">` `      <script src="bootstrap-5.1.3-dist/js/bootstrap.bundle.min.js"></script>` `    <title></title>` `  </head>` `  <body>` `  <div class="container">` `    <h1>标签定义一级标题</h1>` `    <h2>标签定义二级标题</h2>` `    <h3>标签定义三级标题</h3>` `    <h4>标签定义四级标题</h4>` `    <h5>标签定义五级标题</h5>` `    <h6>标签定义六级标题</h6>` `    <div class="h1">类定义一级标题</div>` `    <div class="h2">类定义二级标题</div>` `    <div class="h3">类定义三级标题</div>` `    <div class="h4">类定义四级标题</div>` `    <div class="h5">类定义五级标题</div>` `    <div class="h6">类定义六级标题</div>` `    <h1 class="display-1">display1 定义一级标题</h1>` `    <h1 class="display-2">display2 定义一级标题</h1>` `    <h1 class="display-3">display3 定义一级标题</h1>` `    <h1 class="display-4">display4 定义一级标题</h1>` `    <h1>一级标题<small>我是副标题</small></h1>` `    <b>b 文本加粗</b> ` `    <strong>strong 文本加粗</strong> ` `    <del>del 删除</del> ` `    <s>s 删除</s> ` `    <p>1+1=<del>4</del><ins>2</ins>ins 下划线</p> ` `    <u>u 下画线</u> `	

（续表1）

步骤	操作及效果	说明
	`<em>em 斜体</em> ` `<pre>预格式化文本` `其中所有格式将会保留，　　　　　如空格、换行等</pre>` `<kbd>ctrl+c</kbd> ` `<blockquote>` 　`引用块` `</blockquote> ` 　`</div>` 　`</body>` `</html>` ![浏览器效果截图]	

2. 其他排版样式	例 5-7
	
	`<!DOCTYPE html>`
	`<html>`
	`<head>`
	　`<meta charset="UTF-8">`
	　`<link rel="stylesheet" href="bootstrap-5.1.3-dist/`
	`css/bootstrap.min.css">`
	　　`<script src=" bootstrap - 5.1.3 - dist/js/`
	`bootstrap.bundle.min.js"></script>`
	`</head>`
	`<body>`	

（续表2）

步骤	操作及效果	说明

	```html<div class="container mt-3"> <h2>排版</h2> <p class="text-start">左对齐</p> <p class="text-end">右对齐</p> <p class="text-center">居中对齐</p> <p class="text-nowrap">不换行效果 hello bootstrophello bootstrop hello bootstrop hello bootstrop</p> <p class="text-uppercase">text-uppercase 英文大写</p> <p class="text-lowercase">text-lowercase 英文小写</p> <p class="text-capitalize">text-capitalize 每个单词首字母大写</p> <ul class="list-inline"> <li class="list-inline-item">水果</li> <li class="list-inline-item">粮食</li> <li class="list-inline-item">零食</li> </ul> </div></body></html>```
	
	 ```排版左对齐 右对齐 居中对齐不换行效果hello bootstrop hello bootstrop hello bootstrop helloTEXT-UPPERCASE 英文大写text-lowercase 英文小写Text-Capitalize 每个单词首字母大写水果 粮食 零食```	

3. 颜色类	例 5-8```html<! DOCTYPE html><html lang="en"> <head> <meta charset="utf-8" /> <meta name="viewport" content=" width = device -width, initial-scale=1">```	

（续表3）

步骤	操作及效果	说明
	```<link href = " bootstrap - 5.1.3 - dist/css/bootstrap.min.css" rel="stylesheet"><script src = " bootstrap - 5.1.3 - dist/js/bootstrap.bundle.min.js"></script> <title></title></head><body><div class="container"> <h2>代表指定意义的文本颜色</h2> <p class="text-primary">重要的文本。</p> <p class="text-success">执行成功的文本。</p><p class="text-info">提示信息的文本。</p><p class="text-warning">警告文本。</p><p class="text-danger">危险操作文本。</p><p class="text-secondary">次重要文本。</p><p class="text-dark">深灰色文本。</p><p class="text-body">默认为黑色。</p> <p class="text-light bg-primary">浅灰色文本，添加重要背景色。</p> <p class="text-black-50">透明度为 50% 的黑色文本，背景为白色。</p> <p class="text-white-50 bg-info">透明度为 50% 的白色文本，一般信息背景色。</p></div></body></html>``` 	
4. 程序编制	根据所学知识，将文本样式应用于网页文件中，并对文本显示做个性化处理	自主编写程序

（续表4）

步骤	操作及效果	说明
5. 程序运行	小组互评，展示部分学生作品	任务结果展示
6. 师生交互	请通过实验，总结三种容器类的选用	回答问题 提出问题

四、任务完成评价表

班级		学号		学生姓名	
内容				评价	
能力目标		评价项目	5	3	2
知识能力	网页设计	能使用文本样式			
		能使用颜色范式			
素质能力	欣赏能力				
	独立构思能力				
	发现问题、解决问题的能力				
	自主学习的能力				
	组织能力				
	小组协作能力				

☞ 知识拓展

1. 默认的 Bootstrap 的 Primary 是蓝色的。但是如果想把这个默认蓝色改一下，改成紫色，又该怎么办呢？

打开 Bootstrap 源码文件中 scss/_ variable.css 文件。在源码中定位到 70 行的 theme-color-variables 颜色种类变量 $ primary，默认对应的颜色是变量 $ blue 里面的颜色。在 Bootstrap 中，已经为我们预先定义好了紫色的颜色变量 $ purple。所以把 $ blue 改成 $ purple 即可。更改"primary"的对应项为 $ purple。然后回到源码主目录，对修改后的源码进行编译处理。重新生成 CSS 文件。

2. 如果以上颜色范式不够用，可以再添加一些。比如，添加一个名为"Secret"范式，颜色为紫色。在源码_ variable.scss 文件中定位到主题颜色变量表 theme-color-variables 和颜色映射表 $ theme-colors 块，这两个表的作用分别是对颜色范式的定义和映射。

职业能力 5.2.2　使用 Bootstrap 的图文样式

❖ **核心概念**

Bootstrap 图像的样式：Bootstrap 框架中提供了几种图像的样式风格，只需要在标签上添加对应的类名，即可实现不同的风格。

❖ **学习目标**

1. 掌握 Bootstrap 图片样式类。
2. 掌握 Bootstrap 图文响应式排版。

基本知识

一、Bootstrap 图片样式

Bootstrap 框架中提供了几种图像的样式风格，在制作商品展示图、Banner 图和轮播图效果时，经常会用到图片元素。只需要在<img>标签上添加对应的类名，即可实现不同的风格。常见的图像样式如表 5-8 所示。

表 5-8　图片样式类

类名	描述
. img-fluid	设置响应式图片，主要应用于响应式设计中
. img-thumbnail	缩略图片，给图片设置一个空心边框
. rounded	给元素添加圆角边框
. rounded-circle	设置元素形状（圆形或者椭圆形）

需要注意的是，因为 . rounded 样式和 . rounded-circle 样式需要用到 border-radius 属性，而 border-radius 属性是基于 CSS3 的圆角样式来实现的，所以在低版本的浏览器中是没有效果的。

<picture>标签是 HTML5 新增的标签元素，可以实现图片的响应式效果。常适用于在固定的区域下使用固定的图片尺寸，例如在大屏幕下使用大尺寸图片，在小屏幕下使用小尺寸图片，这样可以减少流量的使用。

二、Bootstrap 图片布局

在网页制作中，通常会使用浮动来设置元素在页面中的显示位置。当然，Bootstrap 中也提供了一系列的样式来设置图片或文字的显示位置，具体内容如表 5-9 所示。

表 5-9 图片布局类

类名	描述
.float-left	设置元素左浮动
.float-right	设置元素右浮动
.clearfix	清除浮动

活动设计

一、活动条件

bootstrap 的文件包。

二、活动组织

1. 每组三人，每人选择一道例题完成。
2. 观察图片样式类使用方法。
3. 每组每位学员交换练习。
4. 教师重申操作步骤与代码规范，要求学员举一反三。

三、活动实施

步骤	操作及效果	说明

1. 图片样式类使用	例 5-9
	`<! DOCTYPE html>`
	`<html lang="en">`
	`  <head>`
	`    <meta charset="utf-8" />`
	`    <meta name="viewport" content="width=device-width, initial-scale=1">`
	`    <link href=" bootstrap - 5.1.3 - dist/css/bootstrap.min.css" rel="stylesheet">`
	`    <script src=" bootstrap - 5.1.3 - dist/js/bootstrap.bundle.min.js"></script>`
	`    <title></title>`
	`  </head>`
	`<body>`
	`  <div class="container">`
	`    <! -- 响应式 -->`
	`    <img src="img/bg.png" class="img-fluid" alt="响应式图片">`
	`    <! -- 非响应式  椭圆形-->`
		使用`<img>`标签在页面中添加两张相同的图片，其中第一张图片设置响应式 .img-fluid 样式，另一张图片为普通效果

（续表1）

步骤	操作及效果	说明

	`<img src="img/bg.png" alt="非响应式图片" class="rounded-circle">`
	
	`</div>`
	`</body>`
	`</html>`
	
	（浏览器截图）	

2. 响应式图片	例5-10
	`<!DOCTYPE html>`
	`<html lang="en">`
	`  <head>`
	`    <meta charset="utf-8" />`
	`    <meta name="viewport" content="width=device-width, initial-scale=1">`
	`    <link href=" bootstrap-5.1.3-dist/css/bootstrap.min.css" rel="stylesheet">`
	`    <script src=" bootstrap-5.1.3-dist/js/bootstrap.bundle.min.js"></script>`
	`    <title></title>`
	`  </head>`
	`  <body>`
	`    <div class="container">`
	`      <picture>`
	`        <source srcset="img/bg.png" media="(max-width: 500px)">`
	`        <img src="img/banner.jpg" class="img-fluid" alt="响应式大图">`
	`      </picture>`
	`    </div>`
	`  </body>`
	`</html>`
		上述代码中，实现了屏幕宽度不超过500px时（见图1），使用banner1.jpg图片；当屏幕超过该数值时（见图2），使用banner.jpg图片

（续表2）

步骤	操作及效果	说明
	图 1 图 2	

3. 响应式图文混排	例5-11
	
	``html
	<! DOCTYPE html>
	<html lang="en">
	<head>
	    <meta charset="UTF-8">
	    <meta http-equiv="x-ua-compatible" content="IE=edge"/>
	        <link href=" bootstrap-5.1.3-dist/css/bootstrap.min.css" rel="stylesheet">
	        <script src=" bootstrap-5.1.3-dist/js/bootstrap.bundle.min.js"></script>
	</head>
	<body>
	<div class="container mt-5 border border-primary">
	    <div class="row">
	        <div class="col-sm-6 col-12"><img src="img/bj1.jpg" class="img-fluid"></div>
	        <div class="col-sm-6 col-12">
	``	

(续表3)

步骤	操作及效果	说明

	``html
	<div class="text-center row" style="background: #E4E4E4">
	    <p class="col text-primary h4 m-0 py-2" style="border-bottom: 3px solid #14a2ff">新闻/公告</p>
	    <p class="col h4 py-2">活动</p>
	</div>
	<div class="row justify-content-between">
	<p class="col-auto">[新闻]海会盛况</p>
	    <p class="col text-right">2022-05-25</p>
	</div>
	<div class="row justify-content-between">
	<p class="col-auto">[公告]限时折扣</p>
	    <p class="col text-right">2022-05-17</p>
	</div>
	<div class="row justify-content-between">
	<p class="col-auto">[新闻]服装节开幕</p>
	    <p class="col text-right">2022-04-27</p>
	</div>
	<div class="row justify-content-between">
	    <p class="col-auto">[新闻]绝代智将，驰骋酷跑</p>
	    <p class="col text-right">2022-04-23</p>
	</div>
	<div class="row justify-content-between">
	<p class="col-auto">查看更多>></p>
	</div>
	</div>
	</div>
	</div>
	</body>
	</html>
	``	

图1

（续表4）

步骤	操作及效果	说明
	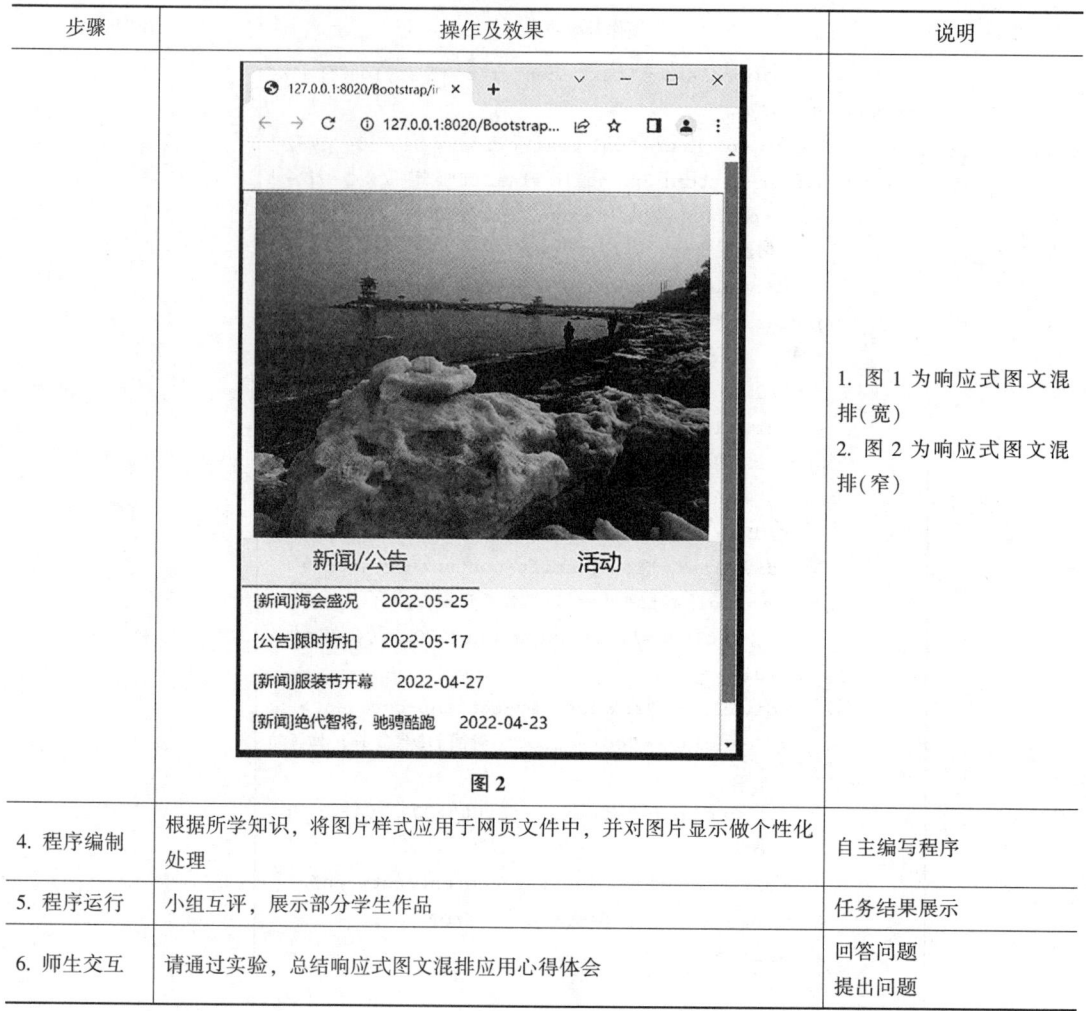 图2	1. 图 1 为响应式图文混排(宽) 2. 图 2 为响应式图文混排(窄)
4. 程序编制	根据所学知识,将图片样式应用于网页文件中,并对图片显示做个性化处理	自主编写程序
5. 程序运行	小组互评,展示部分学生作品	任务结果展示
6. 师生交互	请通过实验,总结响应式图文混排应用心得体会	回答问题 提出问题

四、任务完成评价表

班级		学号		学生姓名		
内容				评价		
能力目标		评价项目		5	3	2
知识能力	网页设计	能使用图片样式				
		能进行响应式图文混排。				
素质能力		欣赏能力				
		独立构思能力				
		发现问题、解决问题的能力				
		自主学习的能力				
		组织能力				
		小组协作能力				

职业能力 5.2.3 使用 Bootstrap 的表格样式与列表样式

❈**核心概念**

　　Bootstrap 表格样式：Bootstrap 提供了一系列表格的样式，通过这些样式可以快速开发出样式美观的表格。

❈**学习目标**

　　1. 掌握 Bootstrap 表格样式类。
　　2. 掌握 Bootstrap 列表类。

基本知识

一、Bootstrap 表格样式类

　　在网页制作中，通常会用到表格的鼠标指针悬停、隔行变色等功能。Bootstrap 提供了一系列表格的样式，通过这些样式可以快速开发出样式美观的表格。

　　•. table：基本的表格，为每行增加水平分割线和少量的 padding。该类是表格的一个基类，如果想要加其他的样式，就要在. table 的基础上去添加。表内的样式可以组合使用，多个样式之间只需使用空格隔开即可，并且都支持. table-dark 样式，适用于反转色调。

　　•. table-striped：条纹表格，设置斑马线效果，实现隔行换色。

　　•. table-bordered：边框表格，为表格的每个单元格添加边框。

　　•. table-hover：鼠标指针悬停效果，该样式可以使表格行对鼠标悬停做出高亮显示。

　　•. table-borderless：无边框表格，可以设置一个无边框的表格。

　　•. table-responsive：响应式表格，响应式表格会在小屏幕设备上（宽度小于 768px）显示水平滚动条，当宽度大于或等于 768px 时，水平滚动条就会消失。

　　•. table-sm：紧凑型表格。

　　•. thead-light：设置表头浅灰色背景。

　　•. thead-dark：设置表头浅黑色背景。

　　除了上述作用于 <table> 和 <thead> 表头元素的样式外，还有一系列的表格状态类。状态类设置的是 <tr>、<td> 或 <th> 元素样式，使用. table-* 来设置，可选值包括 success、active、primary、secondary、danger、warning、info、light、dark 等，同时状态类也适用于反转色调。

二、列表样式类

HTML 提供了 3 种列表默认样式。

无序列表：使用 ul-li 来定义；

有序列表：使用 ol-li 来定义；

定义列表：使用 dl-dt-dd 来定义。

为了达到统一风格、美观的目的，Bootstrap 对这 3 种列表默认样式做了一些改动，但是在使用方法上并没有什么区别。同时 Bootstrap 提供了以下样式来实现特定的列表项。

- .list-unstyled：无样式列表，可以删除列表前面的列表序号或列表符号。
- .list-inline：行内样式列表，列表项会被放在同一行中。值得注意的是，在新版 Bootstrap 中，需要对列表项设置".list-inline-item"才会生效。
- .list-group：创建列表组，可以在 <ul> 元素上添加 .list-group 类，在 <li> 元素上添加 .list-group-item 类，并且为第一个 li 元素设置 active 类名，表示处于选中状态。通过添加 .active 类来设置激活状态的列表项。
- .disabled 类用于设置禁用的列表项。
- .list-group-flush 类移除列表边框，删除列表的边框和圆角。
- .list-group-horizontal 水平列表组，添加到 .list-group 类后面来创建水平列表组。

链接列表项

要创建一个链接的列表项，可以将 <ul> 替换为 <div>，<a> 替换 <li>。如果想鼠标悬停显示灰色背景就添加 .list-group-item-action 类。

列表项目的颜色可以通过以下列来设置：.list-group-item-success，.list-group-item-secondary，.list-group-item-info，.list-group-item-warning，.list-group-item-danger，.list-group-item-dark 和 .list-group-item-light。

☞ 活动设计

一、活动条件

bootstrap 的文件包。

二、活动组织

1. 每组三人，每人选择一道例题完成。
2. 观察表格、列表类的应用。
3. 每组每位学员交换练习。
4. 教师重申操作步骤与代码规范，要求学员举一反三。

三、活动实施

步骤	操作及效果	说明

1. 默认表格样式	例5-12
	
	``html
	<! DOCTYPE html>
	<html lang="en">
	<head>
	    <meta charset="UTF-8">
	    <meta name="viewport" content="width=device-width, initial-scale=1.0"/>
	    <title>bootstrap 默认表格样式</title>
	        <link href=" bootstrap-5.1.3-dist/css/bootstrap.min.css" rel="stylesheet">
	        <script src=" bootstrap-5.1.3-dist/js/bootstrap.bundle.min.js"></script>
	</head>
	<style type="text/css">
	    body {
	        background: url("img/bj4.jpg") no-repeat;
	    }
	</style>
	<body>
	<table class="table mt-5 table-hover">
	    <thead>
	    <th scope="col">姓名</th>
	    <th scope="col">会员号</th>
	    <th scope="col">会员类型</th>
	    <th scope="col">会员积分</th>
	    </thead>
	    <tbody>
	    <tr>
	        <td>丽丽</td>
	        <td>v08001</td>
	        <td>白金会员</td>
	        <td>150</td>
	    </tr>
	    <tr>
	        <td>微微</td>
	        <td>v08034</td>
	        <td>钻石会员</td>
	        <td>3551</td>
	    </tr>
	    <tr>
	        <td>小岩</td>
	``	

（续表1）

步骤	操作及效果	说明

```
        <td>v08021</td>
        <td>黄金会员</td>
        <td>290</td>
      </tr>
      <tr>
        <td>小溪</td>
        <td>v08002</td>
        <td>白金会员</td>
        <td>70</td>
      </tr>
      </tbody>
  </table>
  </body>
</html>
```

姓名	会员号	会员类型	会员积分
丽丽	v08001	白金会员	50
微微	v08034	钻石会员	3551
小岩	v08021	黄金会员	290
小溪	v08002	白金会员	70

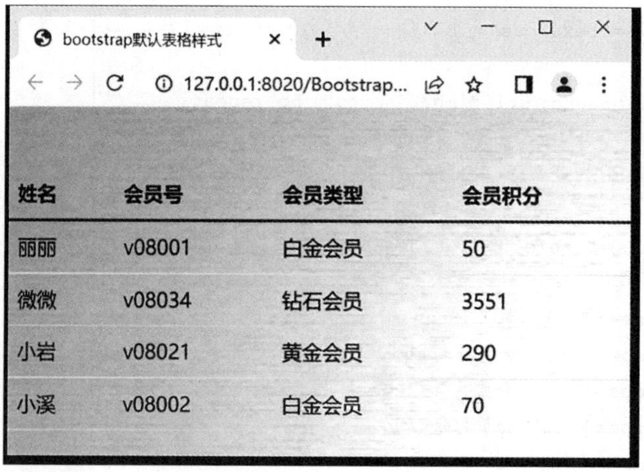

2. 带边框和条纹的表格样式

图 5-13

```
<! DOCTYPE html>
<html lang="en">
  <head>
    <meta charset="UTF-8">
     <meta name="viewport" content="width=device-
width, initial-scale=1.0"/>
     <title>bootstrap 不同风格的表格之条纹状表格</title>
     <link href=" bootstrap-5.1.3-dist/css/
bootstrap.min.css" rel="stylesheet">
     <script src=" bootstrap-5.1.3-dist/js/
bootstrap.bundle.min.js"></script>
  </head>
  <body>
```

（续表2）

步骤	操作及效果	说明

	`<table class="table table-striped table-bordered">`
	`  <thead>`
	`    <h3 class="text-center text-warning">`2019年员工工作进度统计`</h3>`
	`    <tr>`
	`      <th>`月份`</th>`
	`      <th>`部门编号`</th>`
	`      <th>`工作完成情况`</th>`
	`      <th>`未完成原因`</th>`
	`      <th>`绩效考评`</th>`
	`    </tr>`
	`  </thead>`
	`  <tbody>`
	`    <tr>`
	`      <td>`201901`</td>`
	`      <td>`BM01`</td>`
	`      <td>`80%`</td>`
	`      <td>`B12`</td>`
	`      <td>`80`</td>`
	`    </tr>`
	`    <tr>`
	`      <td>`201902`</td>`
	`      <td>`BM02`</td>`
	`      <td>`86%`</td>`
	`      <td>`B13`</td>`
	`      <td>`85`</td>`
	`    </tr>`
	`    <tr>`
	`      <td>`201903`</td>`
	`      <td>`BM03`</td>`
	`      <td>`79%`</td>`
	`      <td>`B13`</td>`
	`      <td>`70`</td>`
	`    </tr>`
	`    <tr>`
	`      <td>`201904`</td>`
	`      <td>`BM04`</td>`
	`      <td>`53%`</td>`
	`      <td>`K02`</td>`
	`      <td>`60`</td>`
	`    </tr>`
	`    <tr>`
	`      <td>`201905`</td>	

（续表3）

步骤	操作及效果	说明

	``html
	<td>BM05</td>
	    <td>100% </td>
	    <td>——</td>
	    <td>98</td>
	  </tr>
	 </tbody>
	</table>
	</body>
	</html>
	``	

步骤	操作及效果	说明

3. 列表样式	例5-14
	
	``html
	<!DOCTYPE html>
	<html lang="en">
	<head>
	    <meta charset="UTF-8">
	    <meta name="viewport" content="width=device-width, initial-scale=1.0"/>
	    <title>bootstrap 内联列表</title>
	    <link href="bootstrap-5.1.3-dist/css/bootstrap.min.css" rel="stylesheet">
	    <script src="bootstrap-5.1.3-dist/js/bootstrap.bundle.min.js"></script>
	</head>
	<body>
	<ul class="list-inline bg-primary text-white m-0 pl-5">
	    <li class="list-inline-item p-2">首页</li>
	    <li class="list-inline-item p-2">特产</li>
	    <li class="list-inline-item p-2">美景</li>
	    <li class="list-inline-item p-2">社区</li>
	    <li class="list-inline-item p-2">服务中心</li>
	    <li class="list-inline-item p-2">APP 下载</li>
	</ul>
	``	

（续表4）

步骤	操作及效果	说明

	`<img src="img/banner.jpg"alt="" class="img-fluid">`
	`</body>`
	`</html>`
	
	浏览器效果：bootstrap内联列表
	127.0.0.1:8020/Bootstrap...
	首页　特产　美景　社区　服务中心　APP下载
		1. bg-dark 设置列表的背景为黑色
		2. text-white 设置文字为白色
		3. m-0 设置外边距为0
		4. pl-5 设置向左的内边距为3rem

4. 程序编制	根据所学知识，将表格、列表样式应用于网页文件中，并做个性化处理	自主编写程序
5. 程序运行	小组互评，展示部分学生作品	任务结果展示
6. 师生交互	请通过实验，总结表格和列表样式应用心得	回答问题 提出问题

四、任务完成评价表

班级		学号		学生姓名		
内容				评价		
能力目标	评价项目			5	3	2
知识能力	网页设计	能使用表格样式				
		能使用列表样式				
素质能力	欣赏能力					
	独立构思能力					
	发现问题、解决问题能力					
	自主学习的能力					
	组织能力					
	小组协作能力					

职业能力 5.2.4　使用 Bootstrap 制作表单

❖核心概念

Bootstrap 表单：Bootstrap 通过一些简单的 HTML 标签和扩展的类即可创建出不同样式的表单。单独的表单控件会被自动赋予一些全局样式。表单元素 <input>、<textarea>和 <select> elements 在使用 .form-control 类的情况下，宽度都是设置为 100%。

❖学习目标

1. 掌握 Bootstrap 表单样式类。
2. 掌握 Bootstrap 中复杂表单制作。

☞基本知识

一、Bootstrap 基础表单样式类

在前端页面开发的过程中，表单也是页面结构中重要的组成部分。表单主要包括 form、button 和 input 等元素，通过在 form 元素中定义 input 和 button 等元素来实现表单页面结构。Bootstrap 提供了实现表单的样式，可以很方便地实现表单页面结构。

Bootstrap 提供了一些与表单相关的样式，如下所述：

- .form-control 为文本表单控件样式，如<input>和<textarea>升级其能力，包括自定义样式、大小、焦点状态等等。
- .form-label 为标签样式，确保标签元素有一定的内边距。
- .checkbox 为复选框样式，.radio 为单选框样式。一般使用 .form-check 包裹在容器元素周围，复选框和单选按钮使用 .form-check-input，它的标签可以使用 .form-check-label 类，checked 属性用于设置默认选中的选项。
- .form-range 设置一个选择区间，并在 input 元素中添加 type="range"，默认情况下，步长为 1，可以通过 step 属性来设置。默认情况下，最小值为 0，最大值为 100，可以通过 min(最小) 或 max(最大) 属性来设置。
- .input-group 输入框组，向表单输入框中添加更多的样式，如图标、文本或者按钮。
- .form-control-lg 和 .form-control-sm 为表单控件尺寸，来设置高度。
- .disabled 属性设置输入框禁用，使其呈现灰色，并删除指针事件。
- .readonly 属性设置输入框只读的布尔属性，以防止修改输入的值。
- .form-control-plaintext 纯文本输入类，可以删除输入框的边框。
- .form-control-color 取色器类，可以创建一个取色器。
- .form-select 类来渲染下拉菜单 <select> 元素。

二、内联表单

内联表单，要为 <form> 元素添加 .form-inline 类可使其内容左对齐，并且表现为 in-

line-block 级别的控件。只适用于视口至少在 768px 宽度时(视口宽度再小的话就会使表单折叠)。

活动设计

一、活动条件

bootstrap 的文件包。

二、活动组织

1. 每组三人，分别在 5-15、5-16、5-17 中，选择一道例题完成。
2. 观察讨论不同表单控件的区别。
3. 每组每位学员练习例题 5-18。
4. 教师重申操作步骤与代码规范，要求学员举一反三。

三、活动实施

步骤	操作及效果	说明

1. 表单样式	例 5-15
	`<form action="  ">`
	`    <div class="mb-3 mt-3">`
	`      <label for="email" class="form-label">电子邮件:`
	`</label>`
	`        <input type="email" class="form-control" id="email" placeholder="请输入电子邮件地址" name="email">`
	`    </div>`
	`    <div class="mb-3">`
	`      <label for="pwd" class="form-label">密码:`
	`</label>`
	`        <input type="password" class="form-control" id="pwd" placeholder="请输入密码" name="pswd">`
	`    </div>`
	`    <div class="form-check mb-3">`
	`      <label class="form-check-label">`
	`        <input class="form-check-input" type="checkbox" name="remember">记住我`
	`      </label>`
	`    </div>`
	`    <button type="submit" class="btn btn-primary">提交</button>`
	`  </form>`
		每个 label 元素添加了 .form-label 类以确保正确的填充

（续表1）

步骤	操作及效果	说明

2. 单选框多选框和下拉菜单	例5-16
	
	``
	<form action="#" class="w-75 mx-auto mt-5">
	  <div class="form-check">
	    <input class="form-check-input" type="checkbox" value="" id="flexCheckDefault">
	    <label class="form-check-label" for="flexCheckDefault">
	        Default checkbox </label>
	  </div>
	  <div class="form-check">
	    <input class="form-check-input" type="checkbox" value="" id="flexCheckChecked" checked>
	    <label class="form-check-label" for="flexCheckChecked">
	        Checked checkbox </label>
	  </div>
	  <div class="form-check">
	    <input class="form-check-input" type="radio" name="flexRadioDefault" id="flexRadioDefault1">
	    <label class="form-check-label" for="flexRadioDefault1">
	        Default radio</label>
	  </div>
	  <div class="form-check">
	    <input class="form-check-input" type="radio" name="flexRadioDefault" id="flexRadioDefault2" checked>
	    <label class="form-check-label" for="flexRadioDefault2">
	        Default checked radio</label>
	``
		复选框有不同的标记。它们被设置了 .form-check 类的容器元素包围。label 设置 .form-check-label 类，而复选框和单选按钮使用 .form-check-input

（续表2）

步骤	操作及效果	说明
	``html
</div>
<div class="form-control">
  <select class="form-select" aria-label="Default select example">
  <option selected>Open this select menu</option>
  <option value="1">One</option>
  <option value="2">Two</option>
  <option value="3">Three</option>
  </select>
</div>
<div class="form-control">
  <select class="form-select" multiple aria-label="multiple select example">
  <option selected>Open this select menu</option>
  <option value="1">One</option>
  <option value="2">Two</option>
  <option value="3">Three</option>
  </select>
</div>
</form>
</body>
```

![浏览器界面截图：Document 标签页，地址栏 127.0.0.1:8020/Bootstrap...，显示 Default checkbox（已选）、Checked checkbox（已选）、Default radio、Default checked radio（已选），下方为 "Open this select menu" 下拉菜单，以及多选列表 Open this select menu、One、Two、Three] | |
| 3. 行内表单 | 例 5-17<br>```html
<body style="margin: 10px;">
  <!-- 表单 -->
  <form class="form-inline">
    <input type="text" class="input-small" placeholder="Email">
    <input type="password" class="input-small" placeholder="Password">
``` | |

（续表3）

步骤	操作及效果	说明

	``html
	<label class="checkbox">
	    <input type="checkbox"> Remember me
	</label>
	<button type="submit" class="btn btn-info">Sign in</button>
	    </form>
	</body>
	``	

4. 响 应 式 表单综合应用	例5-18
	``html
	<form class="row g-3 w-75 mx-auto mt-5">
	    <div class="col-md-6">
	        <label for="inputEmail4" class="form-label">Email</label>
	        <input type="email" class="form-control" id="inputEmail4">
	    </div>
	    <div class="col-md-6">
	        <label for="inputPassword4" class="form-label">Password</label>
	        <input type="password" class="form-control" id="inputPassword4">
	    </div>
	    <div class="col-12">
	        <label for="inputAddress" class="form-label">Address</label>
	        <input type="text" class="form-control" id="inputAddress" placeholder="1234 Main St">
	    </div>
	    <div class="col-md-6">
	        <label for="inputCity" class="form-label">City</label>
	        <input type="text" class="form-control" id="inputCity">
	    </div>
	    <div class="col-md-4">
	        <label for="inputState" class="form-label">State</label>
	``
		1. 图1为响应式表单综合应用(宽)
		2. 图2为响应式表单综合应用(窄)

（续表4）

步骤	操作及效果	说明

	`<select id="inputState" class="form-select">`
	　`<option selected>Choose...</option>`
	　`<option>...</option>`
	`</select>`
	`</div>`
	`<div class="col-md-2">`
	　`<label for="inputZip" class="form-label">Zip</label>`
	　`<input type="text" class="form-control" id="inputZip">`
	`</div>`
	`<div class="col-12">`
	　`<button type="submit" class="btn btn-primary">Sign in</button>`
	`</div>`
	`</form>`

	图1
	
	图2	

（续表5）

步骤	操作及效果	说明
5. 程序编制	根据所学知识，将表单类应用于网页文件中，并对表单显示做个性化处理	自主编写程序
6. 程序运行	小组互评，展示部分学生作品	任务结果展示
7. 师生交互	请通过实验，总结响应式表单应用心得	回答问题 提出问题

四、任务完成评价表

班级		学号		学生姓名	

内容			评价		
能力目标		评价项目	5	3	2
知识能力	网页设计	能使用表单样式类			
		能根据实际需要制作响应式表单			
素质能力	欣赏能力				
	独立构思能力				
	发现问题、解决问题的能力				
	自主学习的能力				
	组织能力				
	小组协作能力				

任务 5.3　Bootstrap 组件

职业能力 5.3.1　使用 Bootstrap 的按钮和按钮组快捷开发

❖ 核心概念

Bootstrap 组件：组件是一个抽象的概念，是对数据和方法的简单封装。用面向对象的思想来说，组件就是将一些符合某种规范的类组合在了一起，通过组件可以为用户提供某些特定的功能。简而言之，组件就是对象。

一个组件代表一个系统中实现的某一部分，是系统中一种物理的、可代替的部件，或装了一系列可用的接口。组件类似于人们生活中的汽车发动机，不同型号的汽车可以使用一款发动机，这样就不需要为每一台汽车单独设计一款发动机了。

❖ 学习目标

1. 掌握 Bootstrap 按钮样式类。
2. 掌握 Bootstrap 按钮组类。

基本知识

Bootstrap 常用组件主要包括一些常用的页面结构，如按钮、表单、菜单和导航等。当开发人员在实现页面结构时，不需要编写复杂的样式代码，只需要使用 Bootstrap 常用组件就以实现复杂的页面架构，下面将会讲解如何使用 Bootstrap 常用组件实现页面的结构。

一、按钮

按钮是页面中常用的组成部分，当用户单击了页面中的按钮后，可以根据不同的按钮设置实现不同的功能。例如，当用户单击页面中的登录按钮时，页面会跳转到登录成功后的页面。

Bootstrap 支持在<a>、<button>、<input>标签添加 .btn 样式，使其变成按钮。Bootstrap 中包含了几个预定义的按钮样式，每个样式都有自己的语义用途，并附带了一些额外的功能以获得更多的控制。按钮的类名除了 btn-primary 之外，还包括 btn-secondary、btm success 和 btn-danger 等类名，分别实现不同的按钮样式效果。

在定义按钮时，除了设置按钮基本的样式外，Bootstrap 框架还提供了一些特定的类名。通过这些类名可以设置自定义按钮的大小、状态等。

1. 禁用文本换行

在实现按钮的样式时，如果按钮中的文本内容超出了按钮的宽度，默认情况下，按钮中的内容会自动换行排列，如果不希望按钮文本换行，可以在按钮中添加 text-nowrap 类。

2. 设置按钮的大小

在 Bootstrap 中，可以通过类名调节按钮的大小样式，如下所示。

- . btn-lg：大按钮。
- . btn-sm：小按钮。

3. 按钮状态

在 Bootstrap 中，可以通过类名设置按钮状态样式，如下所示。

- . active：按钮被点中样式。
- . focus：按钮获取焦点样式。
- . disabled：按钮不可用样式。
- . btn-outline-primary：带轮廓按钮样式。

二、按钮组

Bootstrap 提供了一些样式，用来将多个按钮组合成一个按钮组，并为按钮组添加自己独特的外观和行为。

将多个按钮放入一个容器 div 中，并且将 div 设置为".btn-group"或".btn-group-vertical"样式，就可以实现水平排列或垂直排列的按钮组。

☞ 活动设计

一、活动条件

bootstrap 的文件包。

二、活动组织

1. 每组二人，分别在 5-19、5-20 中选择一道例题完成。
2. 讨论总结按钮样式和按钮状态的设置方式。
3. 每组每位学员练习例题 5-21。
4. 教师重申操作步骤与代码规范，要求学员举一反三。

三、活动实施

步骤	操作及效果	说明

1. 按钮使用	例 5-19
	`<body>`
	  `<button type="button" class="btn btn-primary">主按钮主按钮</button>`
	  `<button type="button" class="btn btn-success">按钮</button>`
	  `<button type="button" class="btn btn-info">按钮</button>`
	  `<button type="button" class="btn btn-warning">按钮</button>`
	  `<button type="button" class="btn btn-danger">按钮</button>`
	  `<button type="button" class="btn btn-link">按钮</button>`
	  `<button type="button" class="btn btn-primary text-nowrap">`
	    主按钮主按钮主按钮 `</button>`
	  `<button type="button" class="btn btn-outline-primary">带轮廓按钮</button>`
	  `<button type="button" class="btn btn-primary btn-lg">大按钮</button>`
	  `<button type="button" class="btn btn-primary btn-sm">小按钮</button>`
	`</body>`
	
		1. 设置按钮的 type 属性值为 button，表示按钮
		2. 设置按钮的类名为 btn 和 btn-primary，表示在 btn 类名的基础上添加 btn-primary 类名，主要是用来实现主按钮的结构样式

（续表）

步骤	操作及效果	说明

2 按钮状态	例 5-20
	
	``html
	<body style="padding: 10px;">
	  <input type="button" class="btn btn-info" value="按钮"/>
	  <input type="button" class="btn btn-info active" value="按钮"/>
	  <input type="button" class="btn btn-info focus" value="按钮"/>
	  <input type="button" class="btn btn-info disabled" value="按钮"/>
	</body>
	``	

3. 按钮组	例 5-21
	
	``html
	<body>
	  <div class="btn-group">
	    <button type="button" class="btn btn-primary">按钮 1</button>
	    <button type="button" class="btn btn-secondary">按钮 2</button>
	    <button type="button" class="btn btn-success">按钮 3</button>
	  </div>
	    <div class="btn-group-vertical">
	    <button type="button" class="btn btn-primary">按钮 1</button>
	    <button type="button" class="btn btn-secondary">按钮 2</button>
	    <button type="button" class="btn btn-success">按钮 3</button>
	  </div>
	</body>
	``	

4. 程序编制	根据所学知识，将按钮和按钮组应用于网页文件中，并做个性化处理	自主编写程序
5. 程序运行	小组互评，展示部分学生作品	任务结果展示
6. 师生交互	请通过实验，总结按钮使用心得	回答问题 提出问题

四、任务完成评价表

班级		学号		学生姓名		
内容				评价		
能力目标		评价项目		5	3	2
知识能力	网页设计	能使用按钮和按钮组				
		能给按钮添加状态样式				
素质能力	欣赏能力					
	独立构思能力					
	发现问题、解决问题能力					
	自主学习的能力					
	组织能力					
	小组协作能力					

职业能力 5.3.2 使用 Bootstrap 的导航样式

❖核心概念

Bootstrap 导航条是在应用或网站中作为导航页头的响应式基础组件。它们在移动设备上可以折叠(并且可开可关),且在视口(viewport)宽度增加时逐渐变为水平展开模式。

❖学习目标

1. 掌握 Bootstrap 导航条样式类。
2. 掌握 Bootstrap 响应式导航条。

基本知识

一、导航组件

Boostrap 中提供了多种导航的样式。
- .nav-tab:标签式导航风格。
- .nav-pills:胶囊式导航风格。
- .nav-stacked:当使用胶囊式导航风格时,可以将其设置为堆叠式。
- .active:将某个导航项激活。
- .disable:将某个导航项禁用。

二、导航栏

导航栏一般放在页面的顶部,可以使用 .navbar 类来创建一个标准的导航栏,后面紧跟 .navbar-expand-xxl | xl | lg | md | sm 类来创建响应式的导航栏(大屏幕水平铺开,

小屏幕垂直堆叠)。

导航栏上的选项可以使用 <ul> 元素并添加 class = "navbar-nav" 类,在 <li> 元素上添加 .nav-item 类,然后在 <a> 元素上使用 .nav-link 类。

- .navbar-brand 公司,产品,项目名称。
- .navbar-nav 用于全高和轻量级导航(包括对下拉菜单的支持)。
- .navbar-toggler 用于折叠插件和其他导航切换。
- .navbar-text 用于添加垂直居中的文本字符串。
- .collapse.navbar-collapse 折叠(Collapse)插件让页面区域折叠起来,用于通过一个父断点来分组和隐藏导航条内容。

注意:务必使用<nav>元素包含导航条,如果使用的是通用的<div>元素,务必为导航条设置 role = "navigation" 属性,标识出这是一个导航区域。

当要设计一个下拉式的导航菜单时,Bootstrap 提供了 dropdown-menu 类来处理导航列表。

三、面包屑导航

面包屑导航(Breadcrumbs)是一种基于网站层次信息的显示方式,用于指示当前页面在导航层级中的位置,并通过 CSS 为各导航条目之间自动添加分隔符。

Bootstrap 中的面包屑导航(Breadcrumbs)是一个有 .breadcrumb class 的无序列表。分隔符会通过 CSS(bootstrap.min.css)中下面所示的 class 自动被添加。

活动设计

一、活动条件

bootstrap 的文件包。

二、活动组织

1. 每组二人,每人选择两道例题完成。
2. 观察四个例题中导航的区别。
3. 每组每位学员交换练习。
4. 教师重申操作步骤与代码规范,要求学员举一反三。

三、活动实施

步骤	操作及效果	说明

1. 定义导航	例 5-22
	`<! DOCTYPE html>`
	`<html>`
	`<head>`
	`  <meta charset = "UTF-8">`
	`  <meta name = "viewport" content = "width=device-width,`
	`initial-scale=1.0">`	

（续表1）

步骤	操作及效果	说明

	``html
	<title>导航</title>
	< link href = " bootstrap - 5.1.3 - dist/css/
	bootstrap.min.css" rel="stylesheet">
	</head>
	<body>
	<! -- 小屏幕上水平导航栏会切换为垂直的 -->
	<nav class="navbar navbar-expand-sm bg-light">
	  <! -- Links -->
	  <ul class="navbar-nav">
	    <li class="nav-item">
	      <a class="nav-link" href="#">首页</a>
	    </li>
	    <li class="nav-item">
	      <a class="nav-link" href="#">简介</a>
	    </li>
	    <li class="nav-item">
	      <a class="nav-link" href="#">详情</a>
	    </li>
	    <li class="nav-item">
	      <a class="nav-link disabled" href="#" tabindex="-
	1" aria-disabled="true">联系电话</a>
	    </li>
	  </ul>
	  </nav>
	
	<ul class="nav nav-pills ">
	  <li class="nav-item">
	    <a class="nav-link active" href="#">首页</a>
	  </li>
	  <li class="nav-item">
	    <a class="nav-link" href="#">简介</a>
	  </li>
	  <li class="nav-item">
	    <a class="nav-link" href="#">详情</a>
	  </li>
	  <li class="nav-item">
	    <a class="nav-link disabled" href="#">联系电话</a>
	  </li>
	</ul>
	</body>
	</html>
	``
		1. bg-light；浅灰色背景
		2. <nav class = " navbar bg-light"> 删除 navbar-expand-sm 可实现垂直导航
		3. .justify - content - center 类来创建居中对齐的导航栏
		4. <nav class=" navbar navbar-expand-sm bg-primary navbar-dark " >... </nav> 为蓝底白字导航条

（续表2）

步骤	操作及效果	说明

2. 折叠导航栏中表单和按钮	例5-23
	
	``html
	<nav class="navbar navbar-expand-sm navbar-dark bg-dark">
	  <div class="container-fluid">
	    <a class="navbar-brand" href="javascript: void(0)">Logo</a>
	    <button class="navbar-toggler" type="button" data-bs-toggle="collapse" data-bs-target="#mynavbar">
	      <span class="navbar-toggler-icon"></span>
	    </button>
	    <div class="collapse navbar-collapse" id="mynavbar">
	      <ul class="navbar-nav me-auto">
	        <li class="nav-item">
	          <a class="nav-link" href="javascript: void(0)">首页</a>
	        </li>
	        <li class="nav-item">
	          <a class="nav-link" href="javascript: void(0)">简介</a>
	        </li>
	        <li class="nav-item">
	          <a class="nav-link" href="javascript: void(0)">详情</a>
	        </li>
	      </ul>
	      <form class="d-flex">
	        <input class="form-control me-2" type="text" placeholder="Search">
	        <button class="btn btn-primary" type="button">搜索</button>
	      </form>
	    </div>
	``	

（续表3）

步骤	操作及效果	说明
	``` </div> </nav> ``` 	

3. 嵌套下拉菜单导航	例 5-24
	
	``html
	<!DOCTYPE html>
	<html>
	<head>
	  <meta charset="UTF-8">
	  <meta name="viewport" content="width=device-width, initial-scale=1.0">
	  <title>导航</title>
	<link href=" bootstrap - 5.1.3 - dist/css/bootstrap.min.css" rel="stylesheet">
	<script src=" bootstrap - 5.1.3 - dist/js/bootstrap.bundle.min.js"></script>
	</head>
	<body>
	  <nav class="navbar navbar-expand-sm bg-dark navbar-dark">
	    <!-- Brand -->
	    <a class="navbar-brand" href="#">Logo</a>
	    <!-- Links -->
	    <ul class="navbar-nav">
	      <li class="nav-item">
	        <a class="nav-link" href="#">首页</a>
	      </li>
	      <li class="nav-item">
	        <a class="nav-link" href="#">简介</a>
	      </li>
	      <!-- Dropdown -->
	      <li class="nav-item dropdown">
	        <a class="nav-link dropdown-toggle" href="#" id="navbardrop" data-bs-toggle="dropdown">
	          详情
	        </a>
	        <div class="dropdown-menu">
	          <a class="dropdown-item" href="#">详情 1</a>
	          <a class="dropdown-item" href="#">详情 2</a>
	          <a class="dropdown-item" href="#">详情 3</a>
	``	

（续表4）

步骤	操作及效果	说明

	``html
	</div>
	    </li>
	   </ul>
	  </nav>
	</body>
	</html>
	``
	
	导航浏览器效果图（Logo 首页 简介 详情 ▾，弹出下拉菜单：详情1 详情2 详情3）	

4. 面包屑导航	```html
	例5-25
	<nav aria-label="breadcrumb">
	    <ol class="breadcrumb">
	     <li class="breadcrumb-item active" aria-current
	="page">首页</li>
	    </ol>
	  </nav>
	  <nav aria-label="breadcrumb">
	   <ol class="breadcrumb">
	     <li class="breadcrumb-item">
	      <a href="#">首页</a>
	     </li>
	     <li class="breadcrumb-item active" aria-current
	="page">Web 技术</li>
	    </ol>
	   </nav>
	   <nav aria-label="breadcrumb">
	    <ol class="breadcrumb">
	     <li class="breadcrumb-item">
	      <a href="#">首页</a>
	     </li>
	     <li class="breadcrumb-item">
	      <a href="#">Web 技术</a>
	     </li>
	     <li class="breadcrumb-item active" aria-current
	="page">Bootstrap 学习</li>
	     </ol>
	    </nav>
	``	

(续表5)

步骤	操作及效果	说明
	导航 × + ∨ − □ × ← → C ① 127.0.0.1:8020/Bootstrap... ☆ □ : 首页 首页 / Web技术 首页 / Web技术 / Bootstrap学习	
5. 程序编制	根据所学知识，将导航应用于网页文件中，并做个性化处理	自主编写程序
6. 程序运行	小组互评，展示部分学生作品	任务结果展示
7. 师生交互	请通过实验，总结导航应用心得	回答问题 提出问题

四、任务完成评价表

班级		学号		学生姓名		
内容				评价		
能力目标		评价项目		5	3	2
知识能力	网页设计	能使用折叠导航				
		能使用嵌套下拉菜单导航				
素质能力	欣赏能力					
	独立构思能力					
	发现问题、解决问题的能力					
	自主学习的能力					
	组织能力					
	小组协作能力					

☞ 知识拓展

　　Bootstrap 导航栏可以动态定位。默认情况下，它是块级元素，它是基于在 HTML 中放置的位置定位的。一些帮助器类，可以把它放置在页面的顶部或者底部，或者可以让它成为随着页面一起滚动的静态导航栏。如果想要让导航栏固定在页面的顶部，可向 .navbar class 添加 class .navbar-fixed-top。

职业能力 5.3.3　使用 Bootstrap 徽章、警告窗和卡片样式

◈核心概念

徽章(badge)是一种小型的用于计数和打标签的组件。

警告框(Alert)通过精炼且适当的警告消息为典型的用户操作提供契合上下文的反馈。

卡片(card)是一种灵活且可扩展的内容容器。它可以包含页眉和页脚、支持各种内容、情境相关的背景色以及提供强大的 display 支持。卡片(card)取代了以前的面板(panels)、wells 以及缩略图(thumbnails)等组件。与这些组件类似的功能可以通过卡片(card)的修改器类(modifier class)来实现。

◈学习目标

1. 掌握 Bootstrap 徽章样式类。
2. 掌握 Bootstrap 警告窗样式类。

☞ 基本知识

一、徽章

徽章的效果与标签比较类似，区别在于徽章为椭圆形，而标签为圆角矩形。此外两者的作用和目的是不同的，徽章主要用于突出显示未读取的项。如果需要使用徽章，则只需要把<span class="badge">添加到相应的元素中。

徽章(badge)组件通过使用相对字体大小和 em 单位来实现缩放以匹配其直接父元素的大小。从 Bootstrap5 版本开始，徽章(badge)组件不再具有链接一样的焦点和鼠标悬停样式。在 Bootstrap3 中，徽章的显示信息等颜色默认为灰色，如果想使用其他颜色，需要结合 btn 开头的一系列颜色来使用，而且这个颜色效果只有在鼠标悬停在组件上面时才会显示。

徽章(badge)组件可以作为链接或按钮的一个组成部分，以提供计数功能。通过工具类可以修改 .badge 并将其固定于链接或按钮的边角。

二、警告框

警告框(alert)组件能够展示任意长度的文本以及一个可选的关闭按钮。警告框可以使用 .alert 类，后面加上 .alert-success、.alert-info、.alert-warning、.alert-danger、.alert-primary、.alert-secondary、.alert-light 或 .alert-dark 类来实现。

alert-link 类用来设置匹配提示框颜色的链接，div 中添加 .alert-dismissible 类，然后在关闭按钮的链接上添加 class="btn-close" 和 data-dismiss="alert" 类来设置提示框的关闭操作。.fade 和 .show 类用于设置提示框在关闭时的淡出和淡入效果。

三、卡片

卡片(card)由于使用 flexbox 布局，它易于对齐，并且能够很好地与其它 Bootstrap 组件组合使用。Bootstrap5 的 .card 与 .card-body 类用来创建一个简单的卡片，卡片可以包含头部、内容、底部以及各种颜色设置，默认情况下，卡片(card)没有 margin(外边距)，因此可根据需求使用 spacing utilities 。Bootstrap 为卡片提供以下几种常用样式。

- .card-header 类用于创建卡片的头部样式。
- .card-footer 类用于创建卡片的底部样式。
- .card-title 类在头部元素上使用来设置卡片的标题 。
- .card-body 类用于设置卡片正文的内容。
- .card-text 类用于设置 .card-body 类中的 <p> 标签。(如果最后一行可以移除底部边距)
- .card-link 类用于给链接设置颜色。
- .card-img-top 设置图片卡片，使图片在文字上方，或 .card-img-bottom 属性使图片在文字下方，如果图片要设置为背景，可以使用 .card-img-overlay 类。

活动设计

一、活动条件

bootstrap 的文件包。

二、活动组织

1. 每组三人，每人选择一道例题完成。
2. 观察三道例题的区别。
3. 每组每位学员交换练习。
4. 教师重申操作步骤与代码规范，要求学员举一反三。

三、活动实施

步骤	操作及效果	说明

1. 定义徽章	例 5-26
	`<! DOCTYPE html>`
	`<html>`
	  `<head>`
	    `<meta charset="UTF-8">`
	    `<meta name="viewport" content="width=device-width, initial-scale=1.0">`
	    `<title>徽章</title>`
		1. bg-secondary
		副标题背景颜色为灰色背景
		2. btn btn-primary
		浅蓝色按钮
		3. position-relative 定位设置为相对定位

（续表1）

步骤	操作及效果	说明

	`< link href = " bootstrap - 5.1.3 - dist/css/bootstrap.min.css" rel="stylesheet">`
	`< script src = " bootstrap - 5.1.3 - dist/js/bootstrap.bundle.min.js"></script>`
	`</head>`
	`<body>`
	`<h1>标题 <span class="badge bg-secondary">New</span></h1>`
	`<h2>标题 <span class="badge bg-secondary">New</span></h2>`
	`<button type="button" class="btn btn-primary">通知<span class="badge bg-secondary">4</span> </button>`
	`<button type="button" class="btn btn-primary position-relative">` 消息 `<span class="position-absolute top-0 start-100 translate-middle badge rounded-pill bg-danger">` 99+
	`<span class="visually-hidden">unread messages</span>`
	`</span>`
	`</button>`
	`</body>`
	`</html>`
	
	导航 ← → C ① 127.0.0.1:8020/Bootstrap...
	标题 **New**
	标题 **New**
	通知 4　消息 99+
		4. position-absolute 定位设置为绝对定位
		5. translate-middle 水平垂直方向居中
		6. rounded-pill 实用程序类使徽章更圆，边界半径更大

2. 警告框	例5-27
	`<div class="alert alert-success">`
	`<strong>成功! </strong> 指定操作成功提示信息。`
	`</div>`
	`<div class="alert alert-success">`
	`<strong>成功! </strong> 请认真阅读`
	`<a href="#" class="alert-link">这条信息</a>。`
	`</div>`
	`<div class="card" style="width: 18rem;">`	

（续表2）

步骤	操作及效果	说明
	```<div class="alert alert-success alert-dismissible"> <button type="button" class="btn-close" data-bs-dismiss="alert"></button> <strong>成功！</strong>带关闭按钮的警告窗。 </div>```	
3. 卡片	例5-28 ``` <div class="card-header"> 页眉 </div> <img src="img/bj2.jpg" class="card-img-top" alt="..."> <div class="card-body"> <h5 class="card-title">卡片标题</h5> <p class="card-text">卡片内容部分</p> <a href="#" class="card-link">卡片链接</a> </div> </div>```	

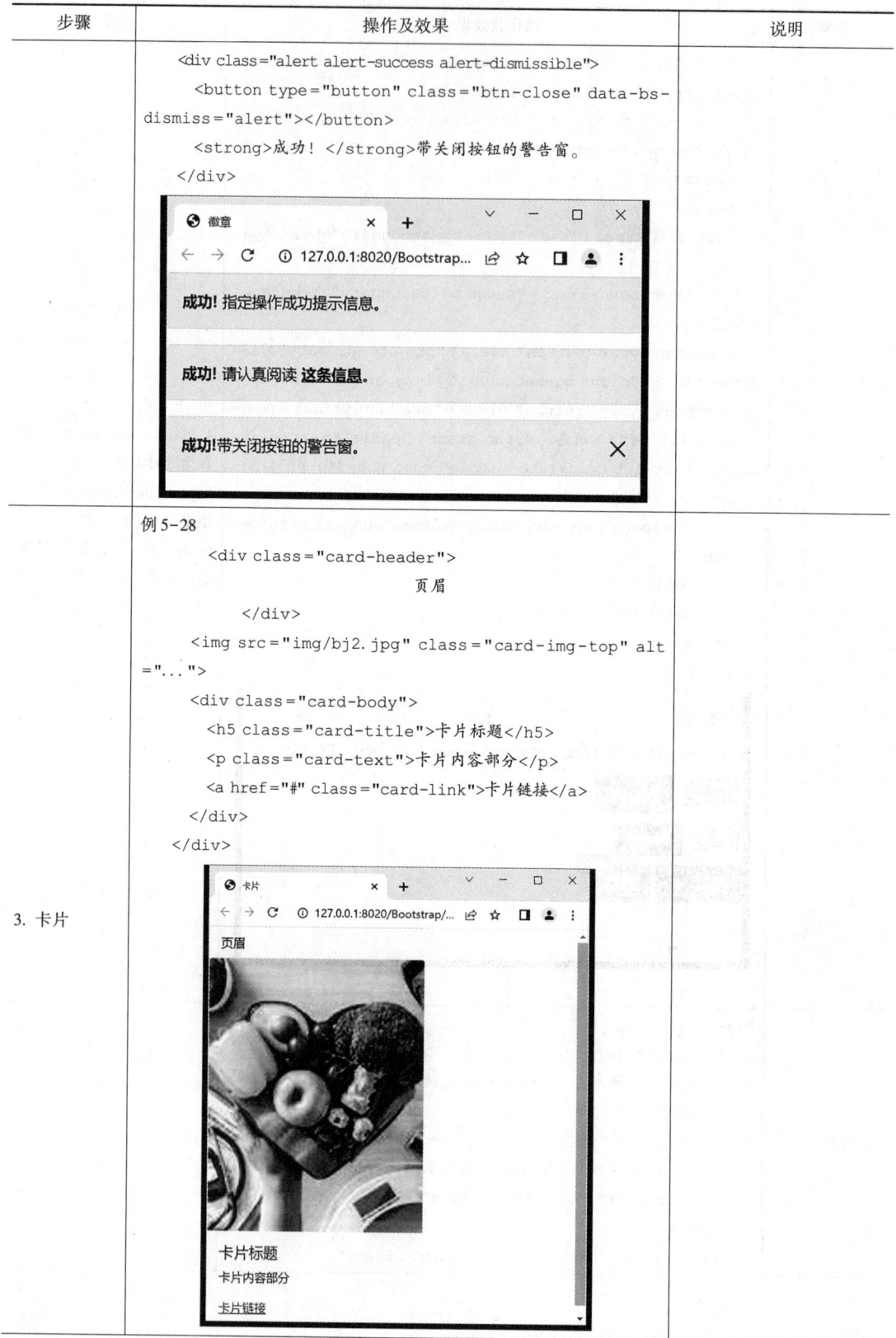

（续表3）

步骤	操作及效果	说明
4. 程序编制	根据所学知识，将徽章、警告框、卡片应用于网页文件中，并做个性化处理	自主编写程序
5. 程序运行	小组互评，展示部分学生作品	任务结果展示
6. 师生交互	请通过实验，总结徽章、警告框、卡片应用心得	回答问题 提出问题

四、任务完成评价表

班级		学号		学生姓名		
内容				评价		
能力目标		评价项目		5	3	2
知识能力	网页设计	能使用徽章、警告框、卡片				
		能使用个性化应用徽章、警告框、卡片				
素质能力	欣赏能力					
	独立构思能力					
	发现问题、解决问题的能力					
	自主学习的能力					
	组织能力					
	小组协作能力					

职业能力 5.3.4 使用 Bootstrap 制作轮播图

◈核心概念

轮播图可以实现页面中活动信息的自动、手动切换等功能。轮播图功能实现的思路为：当鼠标指针移动到图片上时，活动信息停止自动切换；当用户单击图片上的左侧按钮时，可以让图片切换到上一张；当用户单击图片上的右侧按钮时，可以让图片信息切换到下一张；在图片的下方是轮播图指示器，可以显示当前图片信息的展示状态；当鼠标指针移出图片时，图片信息自动切换。

◈学习目标

1. 掌握 Bootstrap 轮播图制作。

☞基本知识

一、轮播图使用的类

在学习使用 Bootstrap 实现轮播图页面效果之前，使用 JavaScript 和 jQuery 也可以实现轮播图的页面效果，但较烦琐。在 Bootstrap 中实现轮播图页面效果并不复杂。首先引入依赖文件，分别是 bootstrap. min. css 和 bootstrap. bundle. min. js 文件；然后定义轮播图页面结构，主要包括活动信息区域、左侧按钮、右侧按钮和指示器这几部分。下表是定义轮播图使用的类。

表 5-10　轮播图使用的类

类	描述
. carousel	创建一个轮播
. carousel-indicators	为轮播添加一个指示符，就是轮播图底下的一个个小点，轮播的过程可以显示目前是第几张图。
. carousel-inner	添加要切换的图片
. carousel-item	指定每个图片的内容
. carousel-control-prev	添加左侧的按钮，点击会返回上一张。
. carousel-control-next	添加右侧按钮，点击会切换到下一张。
. carousel-control-prev-icon	与 . carousel-control-prev 一起使用，设置左侧的按钮
. carousel-control-next-icon	与 . carousel-control-next 一起使用，设置右侧的按钮
. slide	切换图片的过渡和动画效果，如果你不需要这样的效果，可以删除这个类

☞活动设计

一、活动条件

bootstrap 的文件包。

二、活动组织

1. 使用个人喜欢的图片制作轮播图。
2. 教师重申操作步骤与代码规范，要求学员举一反三。

三、活动实施

步骤	操作及效果	说明

1. 轮播图	例 5-29
	`<! DOCTYPE html>`
	`<html>`
	`  <head>`
	`    <meta charset="UTF-8">`
	`    <title></title>`
	`        < link href = " bootstrap - 5.1.3 - dist/css/`
	`bootstrap. min. css" rel="stylesheet">`
	`        < script src = " bootstrap - 5.1.3 - dist/js/`
	`bootstrap. bundle. min. js"></script>`
		1. 轮播图需要三个`<div>`标签
		最外层 div 类 . carousel, 中间层 div 需要 . carousel-inner, 最里层 div 的类是 . carousel-item
		2. 最里面可插入图片，对第一张设置 . active, 否则轮播将不可见
		3. . slide 实现图片滑动效果

（续表1）

步骤	操作及效果	说明
	```html </head> <body> <! -- 轮播 --> <div id="demo" class="carousel slide" data-bs-ride="carousel"> <! -- 指示符 --> <div class="carousel-indicators"> <button type="button" data-bs-target="#demo" data-bs-slide-to="0" class="active"></button> <button type="button" data-bs-target="#demo" data-bs-slide-to="1"></button> <button type="button" data-bs-target="#demo" data-bs-slide-to="2"></button> </div> <! -- 轮播图片 --> <div class="carousel-inner"> <div class="carousel-item active"> <img decoding="async" src="img/bj1.jpg" class="d-block" style="width: 100% "> </div> <div class="carousel-item"> <img decoding="async" src="img/banner.jpg" class="d-block" style="width: 100% "> </div> <div class="carousel-item"> <img decoding="async" src="img/bj4.jpg" class="d-block" style="width: 100% "> </div> </div> <! -- 左右切换按钮 --> <button class="carousel-control-prev" type="button" data-bs-target="#demo" data-bs-slide="prev"> <span class="carousel-control-prev-icon"></span> </button> <button class="carousel-control-next" type="button" data-bs-target="#demo" data-bs-slide="next"> <span class="carousel-control-next-icon"></span> </button> </div> </body> </html>```	

（续表2）

步骤	操作及效果	说明
2. 程序编制	根据所学知识，将轮播图应用于网页文件中，并对文本显示做个性化处理	自主编写程序
3. 程序运行	小组互评，展示部分学生作品	任务结果展示
4. 师生交互	请通过实验，总结轮播图制作心得	回答问题 提出问题

四、任务完成评价表

班级		学号		学生姓名		
内容				评价		
能力目标		评价项目		5	3	2
知识能力	网页设计	能实现轮播图				
		能根据实际需要制作轮播图。				
素质能力	欣赏能力					
	独立构思能力					
	发现问题、解决问题的能力					
	自主学习的能力					
	组织能力					
	小组协作能力					

模块六
综合项目实战

任务 6.1　特产网网站项目分析

职业能力 6.1.1　进行网站整体规划

◈学习目标

1. 了解项目的整体结构。
2. 掌握项目中使用的重点知识。

☞ **基本知识**

一、网站建设规划

　　整个网站的设计大致可以分为三个部分，即前期策划、中期制作和后期维护。前期策划又包括明确网站定位、确定网站主题、网站的整体规划及收集资料与素材。

　　一个信息化项目的开发过程首先需要对客户进行需求访谈，然后撰写需求分析报告，进而完成整个系统的架构。对自己要制作的主页进行总体设计，例如希望主页是怎样的风格，应该放哪些信息，其他网页如何设计，分几层来处理等。一个好的网站首先内容要丰富，其次网页设计要美观，可以说，网页=技术+艺术。

二、页面效果分析

　　网站建设的规划，一般会制作出页面效果图片，再对图片进行分析。下面对首页效果图的 HTML 结构和 CSS 样式进行分析，具体如下。

　　1. HTML 结构分析

　　观察主页面效果图，可以将整个栏目内容嵌套在一个大盒子里，可以划分为六个部分，即导航栏、轮播图、地区特色、产品展示、新闻模块、页脚和版权信息，具体如图 6-1 所示。

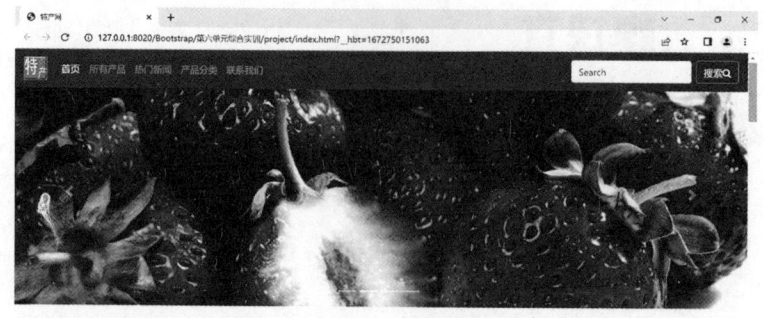

中国各省特产有哪些?

我国土地广阔,每个省市之间的区别体现除了文化和语言之外,最主要的就是食物上的差别,而食物上的差别也造就了每个地方地区的特色。下面我们就来了解下中国各省特产有哪些?

图 6-1 特产网首页

2. CSS 样式分析

仔细观察页面的各个模块,可以看出,背景颜色均为通栏显示,各个模块的宽度设置为 100%。精细地分析页面,确定字体大小为 15 px,字体为微软雅黑,这些共同的样式可以提前定义,以减少代码冗余。

三、创建项目目录结构

在 D：\\ Bootstrap 目录下创建项目,项目名称为 project,里边包含 bootstrap、css、images 文件目录,以及 index. html 项目入口文件。

bootstrap 文件目录里存放从 Bootstrap 官网下载到本地的 style. css 预编译的 Bootstrap 相关文件,如 bootstrap. min. css 和 bootstrap. min. js 文件等。

css 文件目录里存放 style. css,用于设置自定义样式。

images 文件目录里存放项目中用到的图片。

活动设计

一、活动条件

bootstrap 的文件包。

二、活动组织

1. 创建自己的项目文件,完成项目所需文件的引入。
2. 制作出主页面的基本结构。
3. 教师重申操作步骤与代码规范,要求学员举一反三。

三、活动实施

步骤	操作及效果	说明

1. 页面初始化	例6-1
	`<head>`
	  `<meta charset="UTF-8">`
	  `<meta name="viewport" content="width=device-width, initial-scale=1.0">`
	  `<meta http-equiv="X-UA-Compatible" content="ie=edge">`
	  `<!-- 引入bootstrap样式文件 -->`
	  `<link rel="stylesheet" href="bootstrap/css/bootstrap.min.css">`
	  `<!-- 引入字体图标样式 -->`
	  `<link rel="stylesheet" href="css/font-awesome.min.css">`
	  `<!-- 引入我们自己的首页样式文件 -->`
	  `<link rel="stylesheet" href="css/style.css">`
	  `<script src="bootstrap/js/jquery.min.js"></script>`
	  `<script src="bootstrap/js/bootstrap.min.js"></script>`
	  `<title>Document</title>`
	`</head>`
	`<body>`
	`</body>`
	`</html>`
		1. 引入了项目所需的CSS、JavaScript和字体图标文件

2. 主页面结构	例6-2
	`<body>`
	  `<!-- 导航 -->`
	  `<nav class="navbar navbar-expand-md bg-secondary navbar-dark fixed-top">`导航栏
	  `</nav>`
	  `<hr />`
	  `<!-- 轮播图 -->`
	  `<div id="carousel" class="carousel slide carousel-fade w-100 mt-5" data-ride="carousel">`轮播图
	  `</div>`
	  `<hr />`
	  `<!-- 地区特色 -->`
	  `<div class="trend-skill mb-4">`地区特色
	  `</div>`
	  `<hr />`
	  `<!-- 特产展示 -->`
	  `<div class="trend-style bg-light">`特产展示
	  `</div>`
	  `<hr />`
		1. .navbar-expand-md：自动折叠在md（中屏）中断点处的响应式导览列
		2. .bg-secondary 灰色背景
		3. navbar-dark 深色背景颜色
		4. .fixed-top 类来实现导航栏的固定
		5. `<hr />`为清晰分割各区域，每部分结束，画一条线

（续表）

步骤	操作及效果	说明

	``html
	<!-- 新闻专区 -->
	<article>新闻专区
	</article>
	<hr />
	<!-- footer 部分 -->
	<footer class="bg-dark p-4 text-light text-center">
	footer 部分
	</footer>
	</body>
	``
	
	导航栏
	轮播图
	地区特色
	特产展示
	新闻专区
	footer部分	

3. 程序编制	根据所学知识，创建自己的项目文件，完成项目所需文件的引入，制作出主页面的基本结构	自主编写程序
4. 程序运行	小组互评，展示部分学生作品	任务结果展示
5. 师生交互	请通过实验，总结制作心得	回答问题 提出问题

四、任务完成评价表

班级		学号		学生姓名	
内容				评价	
能力目标		评价项目	5	3	2
知识能力	网页设计	能创建自己的项目文件，完成项目所需文件的引入			
		能制作出主页面的基本结构			
素质能力		欣赏能力			
		独立构思能力			
		发现问题、解决问题的能力			
		自主学习的能力			
		组织能力			
		小组协作能力			

任务6.2 网页实现

职业能力6.2.1 实现导航栏和轮播图模块

👉 **活动设计**

一、活动条件

bootstrap 的文件包。

二、活动组织

1. 每组二人，每人完成一道例题。
2. 总结练习心得。
3. 每组每位学员交换练习。
4. 教师重申操作步骤与代码规范，要求学员举一反三。

三、活动实施

步骤	操作及效果	说明

1. 导航栏	例6-3
	`<! -- 导航 -->`
	`  <nav class="navbar navbar-expand-md bg-secondary navbar-dark fixed-top">`
	`    <h1 class="title">`
	`      <a class="navbar-brand" href="#">`
	`        <img src="images/logo1.jpg" alt="logo" width="40" height="40">`
	`      </a>`
	`    </h1>`
	`    <! -- 折叠按钮 -->`
	`    <button class="navbar-toggler" type="button" data-toggle="collapse" data-target="#navbar">`
	`      <span class="navbar-toggler-icon"></span>`
	`    </button>`
	`    <div class="collapse navbar-collapse" id="navbar">`
	`      <ul class="navbar-nav mr-auto">`
	`        <li class="nav-item"><a class="nav-link active" href="#">首页</a></li>`
		1. .navbar-brand 类来设置图片自适应导航栏
		2. form-inline：创建内联表单
		3. <input> 元素在使用 .form-control 类的情况下，宽度都是设置为100%
		4. ms-auto 元素居右，.me-auto 元素居左，.mr-auto 类可以设置子元素右外边距为 auto，即 margin-right：auto！important
		5. .mr-sm-2｛ margin-right：.5rem！important；｝边距
		6. 用 <i>标签把 Font Awesome 图标放在任意位置 fa-search 放大镜图标
		7. aria-hidden =" true 隐藏纯粹用来装饰的图标

(续表1)

步骤	操作及效果	说明

	``html
	<li class="nav-item"><a class="nav-link" href="#">所有产品</a></li>
	    <li class="nav-item"><a class="nav-link" href="#">热门新闻</a></li>
	    <li class="nav-item"><a class="nav-link" href="#">产品分类</a></li>
	    <li class="nav-item"><a class="nav-link" href="#">联系我们</a></li>
	    </ul>
	    <!-- 搜索框区域 -->
	    <form action="" class="form-inline .ms-auto">
	     <input type="text" class="form-control mr-sm-2" placeholder="Search">
	     <button class="btn btn-outline-light " type="submit">搜索<i class="fa fa-search
	        aria-hidden="true"></i></button>
	    </form>
	   </div>
	  </nav>
	`` 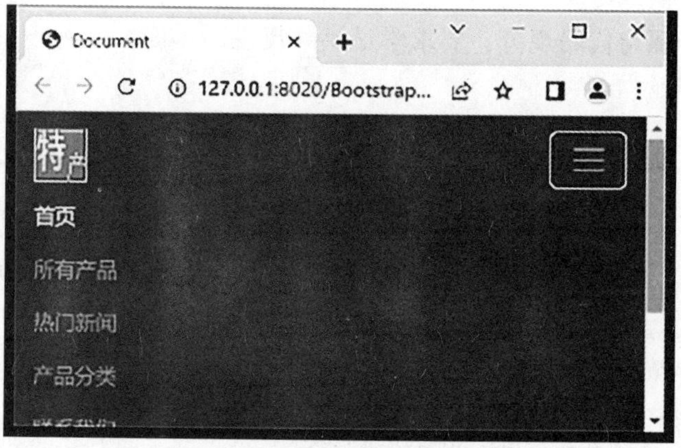
	
	图 1 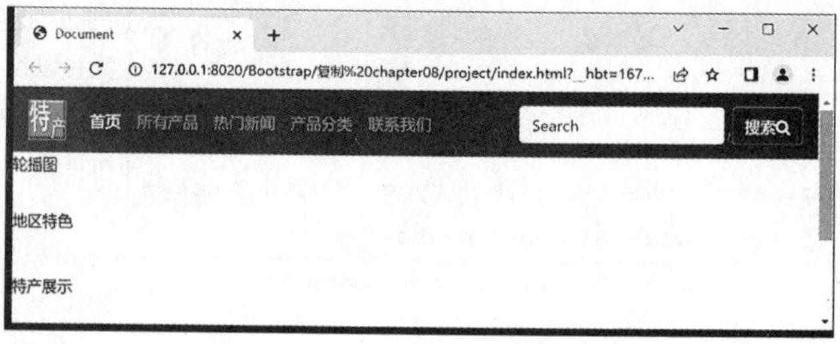
	
	图 2
		1. 图 1 为导航栏(窄)
		2. 图 2 为导航栏(宽)

（续表2）

步骤	操作及效果	说明

2. 轮播图	例6-4
	
	``html
	<div id="carousel" class="carousel slide carousel-fade
	w-100 mt-5" data-ride="carousel">
	    <!-- 指示符 -->
	    <ol class="carousel-indicators">
	      <li data-target="#carousel" data-slide-to="0"
	class="active"></li>
	      <li data-target="#carousel" data-slide-to="1"></
	li>
	      <li data-target="#carousel" data-slide-to="2"></
	li>
	      <li data-target="#carousel" data-slide-to="3"></
	li>
	    </ol>
	    <!-- 轮播图片 -->
	    <div class="carousel-inner pt-3">
	      <div class="carousel-item active">
	        <img src="images/banner-1.jpg" class="mx-auto d
	-block w-100">
	      </div>
	      <div class="carousel-item">
	        <img src="images/banner-2.jpg" class="w-100">
	      </div>
	      <div class="carousel-item">
	        <img src="images/banner-3.jpg" class="w-100">
	      </div>
	      <div class="carousel-item">
	        <img src="images/banner-4.jpg" class="w-100">
	      </div>
	    <!-- 左右切换按钮 -->
	    <a class="carousel-control-prev" href="#carou-
	sel" data-slide="prev">
	        <span class="carousel-control-prev-icon"></
	span>
	    </a>
	    <a class="carousel-control-next" href="#carou-
	sel" data-slide="next">
	        <span class="carousel-control-next-icon"></
	span>
	    </a>
	    </div>
	</div>
	``	

（续表3）

步骤	操作及效果	说明
3. 程序编制	根据所学知识，将导航栏和轮播图应用于网页文件中，并做个性化处理	自主编写程序
4. 程序运行	小组互评，展示部分学生作品	任务结果展示
5. 师生交互	请通过实验，总结导航栏和轮播图练习心得	回答问题 提出问题

四、任务完成评价表

班级		学号		学生姓名		
内容				评价		
能力目标		评价项目		5	3	2
知识能力	网页设计	能制作个性化导航栏				
		能制作个性化轮播图				
素质能力	欣赏能力					
	独立构思能力					
	发现问题、解决问题的能力					
	自主学习的能力					
	组织能力					
	小组协作能力					

职业能力 6.2.2　实现特产展示模块

活动设计

一、活动条件

bootstrap 的文件包。

二、活动组织

1. 每组二人，每人选择一道例题完成。
2. 观察两个模块的区别。
3. 每组每位学员交换练习。
4. 教师重申操作步骤与代码规范，要求学员举一反三。

三、活动实施

步骤	操作及效果	说明

1. 地区特色模块	例6-5
	
	`<!-- 地区特色 -->`
	`<div class="trend-skill  mb-4">`
	`<div class="container">`
	`    <h2 class="index-h2 mt-4">中国各省特产有哪些？</h2>`
	`<p class="index-h2-p mb-5 mt-3">`我国土地广阔，每个省市之间的区别体现除了文化和语言之外，最主要的就是食物上的差别，而食物上的差别也造就了每个地方地区的特色。下面我们就来了解下中国各省特产有哪些？`</p>`
	`<!-- 信息区域 -->`
	`<div class="row">`
	`<div class="skill col-lg-6 col-md-6 mb-4">`
	`  <div class="media">`
	`  <img src="images/tab-1.png" alt="tab-1">`
	`  <div class="media-body ml-2">`
	`  <h5 class="mb-3 text-truncate">北京</h5>`
	`  <p class="text-muted mb-2 text-justify">`北京鸭梨、京白梨、白鸡、烧鸭、油鸡、果脯、北京蜂王精、北京…….`</p>`
	`  </div></div></div>`
	`<div class="skill col-lg-6 col-md-6 mb-4">`
	`<div class="media">`
	`  <img src="images/tab-2.png" alt="tab-2">`
	`  <div class="media-body ml-2">`
	`  <h5 class="mb-3 text-truncate">上海</h5>`
	`<p class="text-muted mb-2 text-justify">`南汇水蜜桃、三林糖酱瓜、佘山兰笋、松江回鳃鲈、枫泾西蹄、城隍庙五香豆、崇明金瓜……。 `</p>`
	`  </div>/div></div>`
	`<div class="skill col-lg-6 col-md-6 mb-4">`
	`<div class="media">`
	`  <img src="images/tab-3.png" alt="tab-3">`
	`  <div class="media-body ml-2">`
	`  <h5 class="mb-3 text-truncate">东北</h5>`
	`  <p class="text-muted mb-2 text-justify">人参，貂皮，鹿茸角。</p>`	

（续表1）

步骤	操作及效果	说明

	``html
	</div></div></div>
	<div class="skill col-lg-6 col-md-6 mb-4">
	<div class="media">
	  <img src="images/tab-4.png" alt="tab-4">
	  <div class="media-body ml-2">
	  <h5 class="mb-3 text-truncate">天津</h5>
	  <p class="text-muted mb-2 text-justify">天津小枣、天津木雕、天津风筝、天津对虾、天津地毯、天津红果、天津泥人张彩塑……。</p>
	  </div></div></div>
	</div></div></div>
	``	

2. 特产展示模块	```html
	例6-6
	<div class="trend-style bg-light">
	<div class="container py-2">
	  <h2 class="index-h2 mt-4">特产展示</h2>
	  <p class="index-h2-p mb-5 mt-3">各地特产任你选择</p>
	  <div class="row">
	<!-- 信息区域 -->
	  <div class="col-md-4">
	  <div class="card mb-4 shadow-sm"><img src="images/t1.jpg" alt="" class="w-100">
	  <div class="card-body">要路沟小米是辽宁省葫芦岛市建昌县要路沟乡的特产……。</p>
	  <div class="d-flex justify-content-end">
	  <button type="button" class="btn btn-sm btn-outline-secondary">更多>></button>
	  </div></div></div></div>
	<div class="col-md-4">
	  <div class="card mb-4 shadow-sm"><img src="images/t2.jpg" alt="" class="w-100">
	  <div class="card-body">
	``	

（续表2）

步骤	操作及效果	说明

	`<p class="card-text">`六股河水质清新，无污染，无公害，河中盛产鱼虾等多种水生……。`</p>`
	` <div class="d-flex justify-content-end">`
	` <button type="button" class="btn btn-sm btn-outline-secondary">`更多>>`</button>`
	` </div></div></div></div>`
	`<div class="col-md-4">`
	`<div class="card mb-4 shadow-sm">  <img src="images/t3.jpg" alt="" class="w-100">`
	` <div class="card-body">`
	` <p class="card-text">`纸皮核桃，产于可克苏，壳薄如纸，对着阳光几乎可见……。`</p>`
	`<div class="d-flex justify-content-end">`
	` <button type="button" class="btn btn-sm btn-outline-secondary">`更多>>`</button>`
	` </div></div></div></div>`
	`<div class="col-md-4">`
	` <div class="card mb-4 shadow-sm"><img src="images/t4.jpg" alt="" class="w-100">`
	` <div class="card-body">`
	` <p class="card-text">`民丰大枣是新疆和田民丰县的特产。民丰大枣属干……。`</p>`
	` <div class="d-flex justify-content-end">`
	` <button type="button" class="btn btn-sm btn-outline-secondary">`更多>>`</button>`
	` </div></div></div></div>`
	`<div class="col-md-4">`
	` <div class="card mb-4 shadow-sm"><img src="images/t5.jpg" alt="" class="w-100">`
	` <div class="card-body">`
	` <p class="card-text">`丹东地区是辽东山地丘陵的一部分，属长白山脉向……。`</p>`
	` <div class="d-flex justify-content-end">`
	` <button type="button" class="btn btn-sm btn-outline-secondary">`更多>>`</button>`
	` </div></div></div></div>`
	`<div class="col-md-4">`
	` <div class="card mb-4 shadow-sm"><img src="images/t6.jpg" alt="" class="w-100">`
	` <div class="card-body">`
	` <p class="card-text">`大理州宾川县是云南优质柑橘生产基地之一……。`</p>`
	` <div class="d-flex justify-content-end">`	

（续表3）

步骤	操作及效果	说明

	`<button type="button" class="btn btn-sm btn-outline-secondary">更多>></button>`
	`</div></div></div></div>`
	`</div></div></div>`	

3. 程序编制	根据所学知识，将两个模块应用于网页文件中，并做个性化处理	自主编写程序
4. 程序运行	小组互评，展示部分学生作品	任务结果展示
5. 师生交互	请通过实验，总结两个模块的实现方法	回答问题 提出问题

四、任务完成评价表

班级		学号		学生姓名		
内容				评价		
能力目标		评价项目		5	3	2
知识能力	网页设计	能能排版产品展示模块				
		能进行个性化处理				
素质能力	欣赏能力					
	独立构思能力					
	发现问题、解决问题的能力					
	自主学习的能力					
	组织能力					
	小组协作能力					

职业能力 6.2.3 实现特产网新闻模块

活动设计

一、活动条件

bootstrap 的文件包。

二、活动组织

1. 每名同学自行完成特产新闻模块，进行个性化处理。
2. 教师重申操作步骤与代码规范，要求学员举一反三。

三、活动实施

步骤	操作及效果	说明

1. 特产新闻模块	例6-7
	``html
	<article>
	<div class="container">
	<!-- 发表 -->
	<h2 class="index-h2 mt-4">特产早知道</h2>
	<p class="index-h2-p mb-5 mt-3">快来一起 get 吧！</p>
	<div class="publish">
	  <div class="row">
	  <div class="col-sm-3 mt-2 d-none d-sm-block"><img src="images/news1.jpg" alt="" class="w-100"></div>
	  <div class="col-sm-9">
	  <h3>湘西猕猴桃 </h3>
	  <p class="text-muted d-none d-sm-block">xx 发布于 2022-8-1</p>
	  <p class="d-none d-sm-block">
	湖南省的湘西土家族苗族自治州是湘西猕猴桃的主产地，当地人称之为阳桃、毛桃……。</p>
	  <p class="text-muted">阅读(102321)评论(400)赞（800）<span class="d-none d-sm-block">标签：新闻 /特产早知道 </span></p>
	  </div></div>
	  <div class="row">
	  <div class="col-sm-3 mt-2 d-none d-sm-block"><img src="images/news2.jpg" alt="" class="w-100"></div>
	  <div class="col-sm-9">
	  <h3>山东特产</h3>
	  <p class="text-muted d-none d-sm-block">meixi20 发布于 2022-11-23</p>
	``	

(续表)

步骤	操作及效果	说明

	`<p class="d-none d-sm-block">`山东特产有：东阿阿胶、德州扒鸡、苍山大蒜、烟台苹果、乐陵金丝小枣等……。`</p>`
	`<p class="text-muted">`阅读(2417)评论(20)赞 (18) `<span class="d-none d-sm-block">`标签：新闻 /特产早知道 `</span></p>`
	`</div></div></div></div>`
	`</article>`	

2. 程序编制	根据所学知识，将新闻模块应用于网页文件中，并对文本显示做个性化处理	自主编写程序
3. 程序运行	小组互评，展示部分学生作品	任务结果展示
4. 师生交互	请通过实验，总结特产新闻模块完成心得	回答问题 提出问题

四、任务完成评价表

班级		学号		学生姓名		
内容				评价		
能力目标		评价项目		5	3	2
知识能力	网页设计	能完成特产新闻模块				
		能做个性化处理				
素质能力	欣赏能力					
	独立构思能力					
	发现问题、解决问题的能力					
	自主学习的能力					
	组织能力					
	小组协作能力					

职业能力 6.2.4　实现页脚和版权信息模块

活动设计

一、活动条件

bootstrap 的文件包。

二、活动组织

1. 每名同学自行完成页脚和版权信息，并做个性化处理。
2. 教师重申操作步骤与代码规范，要求学员举一反三。

三、活动实施

步骤	操作及效果	说明
1. 页脚和版权信息	例6-8 ```html <!-- footer 部分 --> <footer class="bg-dark p-4 text-light text-center"> <div class="container"> <h3>合作伙伴</h3> <ul class="fa-ul"> <li class="list-inline-item"> <a href="#"><i class="fa fa-cc-discover fa-2x text-white" aria-hidden="true"></i></a></li> <li class="list-inline-item"> <a href="#"><i class="fa fa-google-wallet fa-2x text-white" aria-hidden="true"></i></a></li> <li class="list-inline-item"> <a href="#"><i class="fa fa-youtube fa-2x text-white" aria-hidden="true"></i></a></li> <li class="list-inline-item"> <a href="#"><i class="fa fa-skype fa-2x text-white" aria-hidden="true"></i> </a></li> <li class="list-inline-item"> <a href="#"><i class="fa fa-wpexplorer fa-2x text-white" aria-hidden="true"></i></a></li> </ul> <p class="m-1">企业培训	合作事宜	版权投诉</p> <p> Powered by </p> </div> /footer> ```	

（续表）

步骤	操作及效果	说明
2. 程序编制	根据所学知识，将页脚和版权信息应用于网页文件中，并对文本显示做个性化处理	自主编写程序
3. 程序运行	小组互评，展示部分学生作品	任务结果展示
4. 师生交互	请通过实验，总结页脚和版权信息制作心得	回答问题 提出问题

四、任务完成评价表

班级		学号		学生姓名	
内容				评价	
能力目标		评价项目	5	3	2
知识能力	网页设计	能制作页脚和版权信息			
		能对页脚和版权信息进行个性化处理			
素质能力		欣赏能力			
		独立构思能力			
		发现问题、解决问题能力			
		自主学习的能力			
		组织能力			
		小组协作能力			